2021 年浙江科技大学学术著作出版专项（项目编号：2021XSZZ007）

肖功年 · 著

吃吃饭，聊聊“添”
不该被误解的食品添加剂

ZHEJIANG UNIVERSITY PRESS
浙江大学出版社
· 杭州 ·

图书在版编目(CIP)数据

吃吃饭,聊聊“添”:不该被误解的食品添加剂/
肖功年著. —杭州 :浙江大学出版社, 2023.12(2024.10 重印)
ISBN 978-7-308-24481-7

Ⅰ.①吃… Ⅱ.①肖… Ⅲ.①食品添加剂 Ⅳ.
①TS202.3

中国国家版本馆 CIP 数据核字(2023)第 240743 号

吃吃饭,聊聊“添”——不该被误解的食品添加剂
肖功年 著

责任编辑 季 峥
责任校对 蔡晓欢
封面设计 春天书装
出版发行 浙江大学出版社
(杭州市天目山路 148 号 邮政编码 310007)
(网址:http://www.zjupress.com)
排 版 杭州星云光电图文制作有限公司
印 刷 杭州宏雅印刷有限公司
开 本 880mm×1230mm 1/32
印 张 5.875
字 数 201 千
版 印 次 2023 年 12 月第 1 版 2024 年 10 月第 2 次印刷
书 号 ISBN 978-7-308-24481-7
定 价 49.00 元

浙江大学出版社市场运营中心联系方式:0571-88925591;http://zjdxcbs.tmall.com

顾问委员会

编辑委员会

序

本人于1994年组织筹建浙江省食品添加剂行业协会(现浙江省食品添加剂和配料行业协会)。当时,很多人谈食品添加剂色变,把它视为“洪水猛兽”,对此十分恐惧。结合多年食品行业的管理经验,本人觉得有必要以正视听,从浙江省食品工业协会退休后,便着手创立浙江省食品添加剂行业协会,旨在向大众普及科学知识,服务企业,服务经济发展,且成效比较明显。实际上,新闻报道的敌敌畏、苏丹红、三聚氰胺、瘦肉精、吊白块等都不是食品添加剂,而是非法添加物,那么“背锅侠”食品添加剂的真实身份到底是什么呢?其实,食品添加剂和非法添加物是两个概念,但对公众而言,他们并不知道食品中的各种添加物质是合法的还是非法的,是规范使用还是无序滥用。由于缺少相关常识,不少人对食品添加剂一概加以排斥。那么,食品添加剂是什么?食品添加剂是指“为改善食品品质和色、香、味,以及为防腐、保鲜、加工工艺的需要而加入食品中的人工合成或者天然物质。食品用香料、胶基糖果中基础剂物质、食品工业用加工助剂也包括在内”。食品添加剂不仅可以满足加工工艺的需要,延长食品的货架期,扩大销售范围,延缓食品腐败,防止食源性疾病,还可以满足口味或营养的需求,使食品具有更好的色、香、味。

该书很好地解答了上述问题，结合百姓日常生活，分析了添加与不添加食品添加剂的利弊，贴近生活。该书深入浅出，科普性、可读性强。

特作序！

童永和

（浙江省食品添加剂和配料行业协会名誉会长）

2023 年 6 月 21 日

前　言

浙江省食品添加剂工业较发达。1994年，为促进食品添加剂产业的发展，浙江省食品添加剂行业协会（现浙江省食品添加剂和配料行业协会）在童永和先生的倡议下应运而生。我于2006年从宁波来到杭州工作，有幸认识了童永和会长，并且积极参加协会的各项活动，经历了很多关于食品添加剂的“酸甜苦辣”“五味杂陈”的事。浙江省食品添加剂和配料行业协会经常协助政府部门开展3·15消费者权益保护宣传、食品安全周等科普活动。我作为浙江省食品添加剂和配料行业协会专家委员会秘书长，经常逐一解答带着食品前来咨询的市民的各种问题，如食用油耗败了还能吃吗、豆腐凝固好不好等。我记忆最深刻的一次是在杭州武林广场举办的“3·15消费者权益保护日”宣传活动，一位市民看到展板上方“山梨酸钾”的字样，骂道：“化学物质怎么能拿来吃呢？”我以氯化钠为例，向他解释食盐就是氯化钠，也是一种化学物质，其半数致死剂量（LD_{50}）约是山梨酸钾的40倍，而且添加到食品中的山梨酸钾是十分少的，这位市民才恍然大悟。当前，食品添加剂在国内被“妖魔化”了，很多食品安全事件是由于未按规定正确使用食品添加剂，可见科普是十分重要的。

科普之路任重道远。浙江省食品添加剂和配料行业协会经常组织专家编写科普图书，如《食品添加剂问答》《食品添加剂作用》等；也经常向媒体投稿，如《看一看“食品添加剂”的“两面”》(2009 年 1 月 22 日《浙江日报》) 等。2012 年，在浙江省经济和信息化委员会的大力支持下，《浙江省食品添加剂规范使用和产业发展指导意见》出台，食品添加剂产业的发展将越来越好。

为此，笔者结合多年于科普一线的工作经验，在浙江省食品添加剂和配料行业协会的指导下，组织业内专业人员编著了本书。91 岁高龄的协会名誉会长童永和先生亲自为本书作序。

因个人能力有限，书中难免会有疏漏和不妥之处，恳请广大读者批评指正，谢谢！

作者

2023 年 6 月 21 日

目　录

第一章 食品、食品添加剂等相关术语

红糖是啥？焦糖色是啥？吊白块是啥？在日常生活、工作中，人们常常会遇到许多有关食品分类的问题。有人认为食品配料和食品添加剂两者是并列关系；有人则认为食品添加剂是个大的概念，包括食品配料；有人认为复配食品添加剂即为食品配料；有人认为食品配料是指所有的食品原料。那么，这些都是怎么分类的呢？

1.1 食品(食物)

《食品工业基本术语》(GB/T 15901—1994)第2.1条将“食品”定义为“可供人类食用或饮用的物质,包括加工食品、半成品和未加工食品,不包括烟草或只作药品用的物质”。《中华人民共和国食品安全法》(简称《食品安全法》)第五十条规定:食品生产者采购食品原料、食品添加剂、食品相关产品,应当查验供货者的许可证和产品合格证明;对无法提供合格证明的食品原料,应当按照食品安全标准进行检验;不得采购或者使用不符合食品安全标准的食品原料、食品添加剂、食品相关产品。由此可见,《食品安全法》将食品分为三大类:食品原料、食品添加剂、食品相关产品。

1.2 食品添加剂

根据《食品安全国家标准 食品添加剂使用标准》(GB 2760—2014),食品添加剂是指“为改善食品品质和色、香、味,以及为防腐、保鲜和加工工艺的需要而加入食品中的人工合成或者天然物质。食品用香料、胶基糖果中基础剂物质、食品工业用加工助剂也包括在内”。一直以来,我国居民较难区分食品添加剂与食品配料,主要是因为两者的来源、用途、功能相近，且常常会配合使用或相互替代；此外，食品配料有时还有替代主料、简化工艺、降低成本的作用。

戏说食品添加剂

一种食品出厂了，要怎么安全到达消费者手里，如何引起消费者的购买欲和食欲呢？

首先，食品不能在路上“生病”了，怎么办？派个“保健医生”呗，这个“保健医生”就是食品防腐剂。

防腐剂是指能抑制微生物活动、防止食品腐败变质的一类食品添加剂。主要代表物质是山梨酸钾、苯甲酸钠、亚硝酸钠、醇类等。山梨酸钾的毒性最低，是目前主流的防腐剂，但价格比其他防腐剂高。目前，蛋糕类食品流行用乙醇作防腐剂，开车的朋友开车前尽量不要吃。

当然，有了“保健医生”，食品也不一定“不生病”。食品如果在运输途中包装破损，那么可能“病”得不轻，所以当食品出现胀袋、漏气等时，千万不可食用。

有了“保健医生”，食品也需要“化化妆”。这个“化妆师”就是着色剂和食品用香料。

着色剂又称色素，是一类改善食品色泽的物质。主要代表物质是柠檬黄、胭脂红等。

食品用香料是参照天然食品的香味，采用天然和天然等同(最好物理加工类型)香料、合成香精，经精心调配而成的具有各种香型的一类物质，主要包括水果类、奶类、家禽类、肉类、蔬菜类、坚果类、蜜饯类、乳化类以及酒类等。

因此，一些漂亮的、具有香甜气味的食品，不一定是原色原味的，可能都是加工出来的。在购买食品时，一定不要购买颜色过艳、香味过浓的食品。

有了“化妆师”，还需要一个“礼仪师”提升下“内在”。没错，酸度调节剂、增味剂、甜味剂该出场了。

酸度调节剂是一类用于维持或改变食品酸碱度的物质。通常人们偏爱弱酸性味道。主要代表物质为苹果酸、柠檬酸、乳酸等。

增味剂是指补充或增强食品原有风味的物质，代表物质有5′-鸟苷酸二钠、5′-肌苷酸二钠、5′-呈味核苷酸二钠等。

甜味剂是指能赋予食品甜味的一类食品添加剂。主要代表物质有甜蜜素(又名环己基氨基磺酸钠)、安赛蜜、阿斯巴甜、糖精钠等。

以上所有的食品添加剂都能使食品更加好看好吃好闻。比如辣条，它是面粉做成的，本身没有味道，所有的味道均来自各种食品添加剂，食品本身仅是作为吸附各种食品添加剂的基质而已。

1.3 食品原料

食品原料主要包括食品主料和食品配料。

食品主料是食品加工的主要原料，比如人们常吃的糖、面、肉、蛋、奶等。这些物质是未加工或经过初级加工的可食用的天然物质，用量较大。

食品配料也称食品辅料，可以看成是食品配方原料中用量较小的食品原料。它通常由天然物质经过深加工而成，但其生理功能未发生改变。

目前，食品配料与食品添加剂的主要界定依据为：食品配料价廉、用量大，其在食品工业中的作用小于食品添加剂，安全性高于食品添加剂。食品添加剂一直都是监管的重中之重，而食品配料没有严格的报批程序和使用范围、使用量的限制。在国内，还有部分食品添加剂打着调味品的旗帜占据着调味品市场。

1.4 调味品

调味品也称佐料，是指少量加入其他食物中、用来改善味道的食品成分。一些调味品在某些情况下可作为食品主料。例如，洋葱是法国洋葱汤等的主要蔬菜成分。

中国调制和食用调味品历史悠久，调味品品种繁多。从来源上讲，多数调味品直接或间接来自植物，少数为动物成分（例如日本味噌汤所用的干柴鱼）或者合成成分（例如味精）。对于调味品的分类目前尚无定论，可以从不同角度进行分类。调味品从添加的味道上分，有酸、甜、苦、辣、咸、鲜、麻；从添加的香气上分，有甜香、辛香、薄荷香、果香等；从技术手段上分，古代多为天然调味品（例如盐、豆油、糖、八角），而今多用复合调味品（味精、鸡精、鸡粉），随着科技的不断发展，市场上出现了高科技提取的纯天然调味品。

目前中国消费者经常接触和使用的调味品如下。

（1）食用调味油、食盐、白糖、味精、醋等。

(2)葱、生姜、大蒜、洋葱、辣椒、韭菜、香菜、香芹、辣根、山葵、白松露菌、胡椒、花椒、八角、丁香、月桂叶、肉桂、桂皮、陈皮、小茴香、大茴香、草果、柠檬叶、薄荷、香草、豆蔻、九层塔、百里香、茶叶、迷迭香、薰衣草、鼠尾草、番红花、甘草、豆蔻、紫苏、芝麻、芝麻酱、芥末、食茱萸、罗望子、玫瑰香水、香茅等。

(3)五香粉、十三香粉、咖喱粉、七味粉等。

(4)番茄酱、卤水、蚝油、XO 酱、HP 酱等。

(5)酱油、鱼露、虾酱、豆豉、腐乳、味噌等。

(6)料酒。

(7)其他。

1.5 新食品原料

新食品原料是指在我国无传统食用习惯的物品,包括动物、植物和微生物,从动物、植物和微生物中分离的成分,原有结构发生改变的食品成分,其他新研制的食品原料。

新食品原料应当具有食品原料的特性,是食品原料的一种,与普通食品的差别是有无传统食用习惯,且要符合营养要求,无毒、无害,对人体不造成任何急性、亚急性、慢性或者其他潜在性危害。新食品原料不包括转基因食品、保健食品和食品添加剂。新食品原料需经国家卫生健康委员会安全性审查并公告后,方可用于食品生产经营。需要强调的是,大部分用新食品原料生产的食品是普通食品,而非特殊食品。比如壳寡糖、水飞蓟籽油、柳叶蜡梅、杜仲雄花、乳酸片球菌、戊糖片球菌、塔格糖、奇亚籽、海藻糖、罗伊氏乳杆菌、蛹虫草、植物甾烷醇酯、线叶金雀花等都是新食品原料。

1.6 食品营养强化剂

营养强化剂是指根据营养需要而向食品中添加一种或多种营养素或者某些天然食品,从而提高食品营养价值的物质。这种经过强化处理的食品称为强化食品。所添加的营养素或含有营养素的物质（包括天然的和人工合成的）称为食品营养强化剂。《食品卫生法》规定：“食品营养强化剂是指为增强营养成分而加入食品中的天然的或者人工合成的属于天然营养素范围的食品添加剂。”

食品营养强化剂主要包括维生素、矿物质、氨基酸三类，还包括用于营养强化的天然食品及其制品（如大豆蛋白、骨粉、鱼粉、麦麸等）、矿物质类（如钙、铁、锌、硒、镁、钾、钠、铜等）、维生素类（如维生素 A、维生素 D、维生素 E、维生素 C、维生素 B、叶酸、生物素等）、氨基酸类（如牛磺酸、赖氨酸等）、其他营养素类［如二十二碳六烯酸（DHA）、膳食纤维、卵磷脂等］。对于既是食品营养强化剂又是新食品原料的物质，应按照其在终产品中的实际功能来使用并标示。

当作为营养强化剂标示时，强化的营养素应当在营养成分表中标示其含量及营养素参考值（NRV）（无 NRV 的不需标示，特殊膳食可选择性标示 NRV）。其营养成分的标示（包括名称、顺序、表达单

位、修约间隔等）都应按照《食品安全国家标准　预包装食品营养标签通则》（GB 28050—2011）中表1的要求执行。对于表1中没有列出，但《食品安全国家标准　预包装食品营养标签通则》（GB 28050—2011）允许强化的营养物质，其标示顺序应按照《食品安全国家标准　预包装食品营养标签通则》（GB 28050—2011）的规定，列于表1所列营养素之后。当作为食品配料标示时，应当标出的食用限量和不适宜人群。

1.7　食品配料

食品配料是指公认的、安全的可食用物质，指用于生产制备某种食品并在成品中出现的任何物质，但不包括食品添加剂。配料在用于加工食品时用量相对比较大，一般在3％以上。食品配料与食品主料的界限具有相对性，有时某种配料本身就是食品主料（比如生产调味酱油包时，酱油作为食品主料），但它用于一些食品加工时却成了配料。配料与食品添加剂的界限也有相对性，随着配料功能的提升，其在食品中的添加量可能逐步减少，从而成为食品添加剂。国际食品配料行业的发展是极快的，与调味品不同的是，食品配料应用于所有食品生产之中，包括休闲食品、软饮料、儿童食品、方便食品等。食品配料的发展能够带动整个食品产业（包括调味品、食品添加剂产业等）的共同发展。

食品配料由食品原料加工而来，可理解为食品生产过程中的半成品。将一种或多种食品配料，以及适当的、少量的食品添加剂组合加工，最终得到食品成品。

1.8　保健（功能）食品

保健食品是食品的一个种类，具有一般食品的共性，能调节人体的机能，适于特定人群食用，但不以治疗疾病为目的。保健食品不等于保健品！保健品没有相关定义，保健鞋垫、保健枕头、保健器械等都是保健品。

那么保健食品与普通食品有什么区别呢？其共性有：都能提供人体生存必需的基本营养物质（食品的第一功能）；都具有特定的色、香、味、形（食品的第二功能）。其主要区别在于两个方面：一是保健食品含有一定量的功效成分（生理活性物质），能调节人体的机能，具有特定的功能（食品的第三功能），而一般食品不强调特定功能；二是保健食品一般有特定的适用范围（特定人群），而一般食品没有特定的适用范围。

1.9 非法添加物

非法添加物是指不属于传统上被认为是食品原料的，不属于批准使用的新食品原料的，不属于卫生行政部门公布的食药两用或作为普通食品管理物质的，也未列入《食品安全国家标准 食品添加剂使用标准》（GB 2760—2014）、《食品安全国家标准 食品营养强化剂使用标准》（GB 14880—2012）、国家卫生健康委员会关于食品添加剂公告及其他法律法规允许使用物质之外的物质。食品中的非法添加物是违法加入食品中的有毒有害化合物。吊白块、苏丹红和三聚氰胺等都属于非法添加物，而不是食品添加剂。添加非法添加物是违法的，非食用物质无论有无毒害，都不能添加到食品中。但因为有些非食用物质具有与食品添加剂类似的功能，且价格低，导致不法分子铤而走险。常见的非法添加物如下。

吊白块（次硫酸钠甲醛）：用于腐竹、粉丝、面粉、竹笋等，作用是增白、保鲜、优化口感、防腐。

苏丹红：用于辣椒等，作用是着色。

三聚氰胺：用于乳及乳制品，作用是使蛋白质含量虚高。

硼酸与硼砂：用于腐竹、肉丸、凉粉、凉皮、面条、饺子等，作用是增筋。

工业用火碱：用于海参、鱿鱼等干水产品，作用是改善外观和质地。

工业染料：用于小米、玉米粉、熟肉制品等，作用是着色。

工业硫黄：用于白砂糖、辣椒、蜜饯、银耳，作用是漂白、防腐。

皮革水解物：用于乳与乳制品等，作用是增加蛋白质含量。

溴酸钾:用于面粉,作用是增筋。

工业明胶:用于冰淇淋、肉皮冻、果冻等,作用是改变形状。

工业酒精:用于勾兑假酒,降低成本。

工业用乙酸:用于食醋、饮料,作用是调节酸度。

敌敌畏:用于火腿、鱼干、咸鱼等动物源食品原料,作用是驱虫。

毛发水:用于酱油等。

以上是关于食品以及食品添加剂等相关术语的全部介绍。接下来,让我们看看食品添加剂与我们的生活究竟有何关联吧。

第二章 食品添加剂的种类

2.1 酸度调节剂

酸度调节剂也称 pH 调节剂，是一类用于维持或改变食品酸碱度的物质。其主要包括酸化剂、碱化剂以及具有缓冲作用的盐类。

酸度调节剂用于调节食品体系的酸碱性，以保持食品的最佳形态和韧度。凝胶、干酪、软糖等产品，为了取得最佳形态和韧度，需要通过酸度调节剂调整 pH。

酸度调节剂在降低 pH 的同时，可抑制许多有害的微生物繁殖，阻止不良发酵过程，起到防腐的作用。将一定的酸度调节剂与其他保藏方法（如冷藏、加热等）并用，可以有效地延长食品的保质期。

酸度调节剂可使食品的风味得到改善，如在糖果、果酱、饮料中加入酸度调节剂，使口感更佳。

酸度调节剂可作为螯合剂。其可螯合金属离子，具有阻止氧化或褐变反应、稳定颜色、降低浑浊度、增强胶凝特性等作用。

此外，酸度调节剂还可作色素稳定剂，防止果蔬褐变，对肉类有护色作用。

2.2 抗结剂

抗结剂又称抗结块剂，是一类用以阻止粉状颗粒彼此黏结成块的物质。日常生活中的食用盐、白砂糖、面粉等易结块的食品原料，需要添加颗粒细微、吸附力强的食品抗结剂。

通常抗结剂微粒必须能黏附在主基料颗粒的表面，从而影响主基料颗粒的物性。不论是覆盖主基料颗粒的全部表面，还是星星点点地覆盖主基料颗粒的部分表面，抗结剂颗粒和主基料颗粒之间存在亲和力，它们将形成一种有序的混合物。抗结剂颗粒一旦与主基料颗粒黏附，就会通过以下途径来达到改善主基料的流动性和抗结性。

(1)提供物理阻隔作用。当主基料颗粒表面被抗结剂颗粒完全覆盖后，由于抗结剂之间的作用力较小，形成的抗结剂层成为阻隔主基料颗粒相互作用的物理屏障。这种物理屏障将导致几种结果：一是抗结剂阻隔了主基料表面的亲水性物质；二是抗结剂吸附在主基料的表面后，使其更为光滑，从而降低了颗粒间的摩擦力，增加了颗粒的流动性，这一作用常被称作润滑作用。由于各种抗结剂自身性质各异，所以它们提供的润滑作用也不同。

(2)通过与主基料颗粒竞争吸湿，从而改善主基料的吸湿结块倾向。一般来说，抗结剂自身具有很强的吸湿能力，从而在与主基料竞争吸湿的情况下，减小主基料因吸湿性而导致的结块倾向。

(3)通过消除主基料表面的静电荷和分子间作用力来提高其流动性。主基料颗粒带有的电荷一般相同，因此它们之间会相互排斥，防止结块，但是这些电荷常会与生产装置或包装材料的摩擦静电发生相互作用而带来许多麻烦。当添加抗结剂后，抗结剂会中和主基料颗粒表面的电荷，从而改善主基料粉末的流动性。这种作用常用来解释当抗结剂与主基料颗粒之间的亲和力不是很大时，抗结剂只零星分散在主基料颗粒的表面，却能很好地改善其流动性。

(4)通过改变主基料晶体的晶格，形成一种易碎的结构。当主基料中能结晶的物质的水溶液中或已结晶的颗粒的表面存在抗结剂时，它不仅能抑制晶体生长，还能改变晶体结构，从而产生一种在外力作用下十分易碎的晶体，使原本易形成坚硬团块的主基料减少结块。

2.3 消泡剂

消泡剂也称防泡剂，是一种化学添加剂，主要作用是减少、阻碍泡沫的形成及破坏已形成的泡沫。消泡剂表面活性较高，表面张力较低，这也是它能消泡、抑泡的主要原理。

消泡剂按照状态作用不同，分为油型、溶液型、乳液型、粉末型、复合型等。消泡剂应用领域广泛，主要作用就是破泡、抑泡和脱泡等。消泡剂会进入泡沫的双分子定向膜，损坏定向膜的力学平衡，从而达到破泡作用。消泡剂必须是不溶于起泡介质的物质，它能以液

滴、包裹固体质点的液滴、固体质点的形式被分散到起泡的介质中。优秀的消泡剂需兼顾消泡、抑泡作用，即不仅使泡沫损坏，并且能在适当长的时间内避免泡沫生成。聚醚类消泡剂具有抑泡时间长、效果好、消泡速度快、热稳定性好等特点。

2.4 抗氧化剂

抗氧化剂是指能防止或延缓食品氧化、提高食品稳定性和延长食品贮存期的食品添加剂。例如，家里的食用油保存不当，会出现"哈喇味"，这是因为油脂和空气接触，发生了氧化反应。氧化是食品加工保藏中经常遇到的变质现象之一。食品氧化会使食品色、香、味等发生不良的变化，甚至产生有毒有害物质。有了抗氧化剂，这些问题都可以迎刃而解。因此，食用油中通常加入了抗氧化剂。食品抗氧化剂的正确使用不仅可以延长食品的贮存期、货架期，产生良好的经济效益，而且使食品安全得到保障。

常用的抗氧化剂有茶多酚、生育酚、黄酮类、丁基羟基茴香醚(BHA)、二丁基羟基甲苯(BHT)、叔丁基对苯二酚(TBHQ)等。

2.5 漂白剂

漂白剂是指破坏、抑制食品的发色因素，使其褪色或使食品免于褐变的食品添加剂。其通过氧化反应达到漂白物品的功效（即使食品褐变色素褪色或免于褐变），同时还具有一定的防腐作用。漂白剂除可改善食品色泽外，还具有抑菌等多种作用，在食品加工中应用甚广。

漂白剂的种类很多，按其作用机制不同，可分为还原型漂白剂和氧化型漂白剂。还原型漂白剂是利用色素受还原作用而褪色，以达到漂白的目的。例如，有些食品的褐变是由三价铁离子引起的，加入还原型漂白剂可使三价铁离子变成二价铁离子，从而防止食品褐变。氧化型漂白剂是利用本身的氧化作用破坏发色因素，从而达到漂白的目的。氧化型漂白剂中，除了作为面粉处理剂的过氧化苯甲酰等少数品种外，实际应用很少。例如，过氧化氢仅允许在某些地区用于生牛乳、袋装豆腐干保鲜，不作氧化型漂白剂使用。

中国允许使用的漂白剂有二氧化硫、亚硫酸钠、亚硫酸氢钠、焦亚硫酸钾、硫黄等，其中硫黄仅限于蜜饯、干果、干菜、粉丝、食糖的熏蒸。

漂白剂只有当存在于食品中时方能发挥作用，因这类物质有一

定毒性,如果不能严格控制其使用量及残留量,就会对人体健康造成危害。而有些商家为了“卖相”好、销路好,使用工业双氧水来漂白,让开心果等食品“变脸”。双氧水有工业双氧水和食品级双氧水。工业双氧水是绝对不允许用于食品加工的;食品级双氧水可作食品工业用加工助剂,但不允许有化学成分残留。工业双氧水具有漂白作用,但含有铅、砷等有毒物质,经工业双氧水浸泡的食品会强烈刺激人的消化道,还存在致癌、致畸形和引发基因突变的潜在风险。因此,消费者在选购的时候要尽量选一些自然原色的食品,不要选择颜色过白的食品。

2.6 膨松剂

膨松剂又称疏松剂。它在食品加工中主要用于生产焙烤食品时,添加在主要原料小麦粉中,并在加工过程中受热分解,产生气体,使面坯起发,形成致密多孔组织,从而使食品膨松、柔软或酥脆。膨松剂可分为无机膨松剂和有机膨松剂两类。无机膨松剂又称化学膨松剂,分为碱性膨松剂和复合膨松剂两类。碱性膨松剂主要是碳酸氢钠产生二氧化碳,使面坯起发。复合膨松剂是一种高效膨松剂,又称泡打粉、发泡粉等,在面制食品工业中作为快速发酵剂、品质改良剂等。复合膨松剂一般由碳酸盐、酸性盐或有机酸、助剂(淀粉、脂肪酸、食盐等)组成。

膨松剂能使食品体积膨大,口感饱满松软,这主要是因为它使食品产生了松软的海绵状多孔组织。咀嚼时唾液能迅速渗入这种多孔组织中,分解出食品内的可溶性物质,刺激味蕾,使人们迅速品尝到该食品的风味。当食品进入胃中,各种消化酶以最快的速度进入多孔组织中,使食品能够很快被消化和吸收,从而避免了食品中的营养素在消化过程中的损耗。

2.7 胶基糖果中基础剂物质

胶基糖果中基础剂物质是指赋予胶基糖果起泡、增塑、耐咀嚼等作用的物质。现以胶姆糖为例进行说明。胶姆糖是一种特殊类型的糖果,是唯一经咀嚼而不吞咽的食品。其类型有口香糖、泡泡糖及非甜味的营养口嚼片等。胶姆糖是由胶基、糖、食用香精等制成的,胶基占胶姆糖的 18 % ~29 % 。

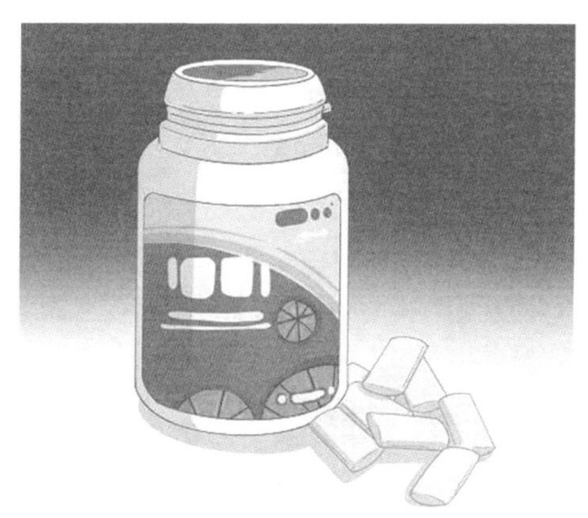

胶基糖果中基础剂物质按来源不同,可分为天然的和合成的两大类。天然的有各种树胶(糖胶树胶、小蜡烛树胶、达马树胶、马来树胶等),合成的有各种树胶(丁苯树胶、丁基树胶)和松香脂(松香甘油酯、氢化松香酯、歧化松香酯、聚合松香酯)。各种天然树胶中的主要成分是天然树胶,其有异味,口感差,基本已被淘汰。胶基糖果中基础剂物质的基本要求是能长时间咀嚼而柔韧性很少改变,并且不会降解成为可溶性物质。

2.8 着色剂

着色剂又称色素，是指赋予食品颜色、改善食品色泽的物质。任何可以使物质显现设计需要的颜色的物质都称为着色剂。它可以是有机的或无机的，可以是天然的或合成的。

(1)天然色素

天然色素是从天然资源获得的食用色素，主要从动物、植物组织及微生物(培养)中提取，其中植物性色素占多数。天然色素安全性相对较高，天然、健康、营养和具有生理活性效应。随着生产技术的提高，天然色素的各项使用性能已经达到了合成色素的水平，但多数单一的天然色素是原料型的着色剂，不适合直接加到食品中着色，应用时需要与其他色调的天然色素进行复配方可达到理想的效果。此外，天然色素较难提纯，着色力弱，不稳定，价格较高。

天然色素大多对人体无毒无害，安全性高；有的天然色素具有生物活性(如β-胡萝卜素、维生素 B_2)，因而兼有营养强化作用；天然色素能更好地模仿天然物颜色，着色时色调比较自然；有的品种具有特殊的芳香气味，添加到食品中能给人带来愉快的感觉。

(2)合成色素

合成色素即人工合成的色素,成本低,具有色泽鲜艳、着色力强、稳定性高、无臭无味、易溶解、易调色等特点。但其存在安全性问题,因此我们国家对其品种、用量及使用范围做出严格规定。

目前我国允许使用的合成色素有苋菜红、胭脂红、柠檬黄、日落黄和靛蓝。它们可用于果味水、果味粉、果子露、汽水、配制酒、红绿丝、罐头以及糕点表面装饰等。

2.9　护色剂

护色剂又称发色剂或助色剂,是指能与肉及肉制品中的呈色物质作用,使肉及肉制品在加工和保藏等过程中不分解、破坏,呈现良好色泽的物质。护色剂主要有硝酸钠、硝酸钾及亚硝酸钠、亚硝酸钾。亚硝酸盐所产生的一氧化氮与肉类中的肌红蛋白和血红蛋白结合,生成一种具有鲜艳红色的亚硝基肌红蛋白和亚硝基血红蛋白。若是硝酸盐,则需在食品加工中被细菌还原成亚硝酸盐后再起作用。亚硝酸盐具有一定的毒性,尤其可与胺类物质生成强致癌物亚硝胺,因而人们一直力图选取其他适当的物质取而代之。除可护色外,它们尚可防腐,尤其是可防止肉毒梭状芽孢杆菌中毒,以及增强肉制品风味。但直到目前,尚未有既能护色,又能抑菌,且能增强肉制品风味的替代品。权衡利弊,各国都在保证安全和产品质量的前提下严格控制其使用范围与方法。绿色食品中禁止使用亚硝酸钠、亚硝酸钾、硝酸钠、硝酸钾。抗坏血酸(又称维生素 C)、异抗坏血酸、烟酰胺等可促进护色(护色助剂),抗坏血酸还可与 α-生育酚反应,阻止亚硝胺的生成,所以它们常与护色剂并用。

2.10　乳化剂

乳化剂是指能改善乳化体中各种构成相之间的表面张力,形成均匀分散体或乳化体的物质。它是食品工业中使用较广泛的食品添加剂，在食品生产和加工过程中占有重要地位，几乎所有食品的生产和加工均涉及乳化剂或乳化作用。

根据HLB（亲水亲油平衡值）值，乳化剂分为油包水型（W/O型，即亲油型）及水包油型（O/W型，即亲水型）两大类。前者使水分散到油中，如单硬脂酸甘油酯；后者使油分散到水中，如蔗糖脂肪酸酯、大豆磷脂等。

食品乳化剂是一类多功能的高效食品添加剂，除了可降低食品表面活性之外，还能与食品中的碳水化合物、蛋白质、脂类物质等发生特殊的相互作用而起到消泡、增稠、稳定、润滑、保护等作用。

（1）乳化作用

它可防止食品油水分离，防止糖和油起霜等。它常用于巧克力、冰淇淋、奶油、蛋黄酱生产等。

（2）对淀粉食品有很好的调理作用

它与直链淀粉形成稳定络合物，延缓淀粉老化，增强面包的柔软性；与淀粉中的脂类和蛋白质形成氢键或偶联络合物，强化面团的网络结构，形成多气泡骨架，增强筋力，并强化面筋的稳定性和弹性。它常用于面包、糕点、饼干、面条生产等。

（3）调节黏度，润滑、防黏作用

它可减少焦糖生产中对切刀、包装等的黏结，还可在糖的晶体外形成一层保护膜，起防潮、防黏作用。它常用于口香糖、巧克力生产等。

(4)稳定气泡

一般内含饱和脂肪酸的乳化剂对气泡有稳定作用,从而改善食品内部结构。它常用于冰淇淋、蛋糕生产等。

(5)消泡作用

在某些加工过程中,可加入有消泡作用的乳化剂,以破坏乳液的平衡。一般含有不饱和脂肪酸的乳化剂可用于消泡。它常用于豆腐、奶制品、味精、蔗糖生产等。

(6)增溶作用

HLB > 15 的乳化剂可作脂溶性色素、香料等的增溶剂。

2.11 酶制剂

酶制剂是由动、植物的可食或非可食部分直接提取,或由传统或通过基因修饰的微生物(包括但不限于细菌、放线菌、真菌)发酵、提取制得的,具有特殊催化功能的生物制品。酶制剂主要用于催化生产过程中的各种化学反应,其应用领域遍布食品行业的面包烘烤、面粉深加工、果品加工等。

食品酶制剂是以符合《食品安全国家标准 食品添加剂使用标准》(GB 2760—2014)要求的来源菌种,按照食品添加剂卫生标准要求和酶制剂生产环境、设备要求生产获得的生物酶制剂。食品酶制剂因其催化特性专一、催化速度快、天然环保等特性,在食品生产中扮演着越来越重要的角色。

食品酶制剂作为食品添加剂被添加到食物中后，只在加工过程中起作用，即帮助一种物质完成转变后，就功成身退，在终产品中消失或失去活力，不会产生危害残留。作为在食品中被广泛使用的一种添加剂，食品酶制剂具有催化作用，能够改善食品品质、延长食品保存期、便于食品加工和增加食品的营养成分。比如淀粉加工、果汁加工、啤酒加工等都离不开酶制剂。

2.12 增味剂

增味剂又称风味增强剂或鲜味剂，是指补充或增强食品原有风味的物质。食品增味剂不影响酸、甜、苦、咸等 4 种基本味和其他呈味物质的味觉刺激，并增强其各自的风味特征，从而使食品更可口。

食品增味剂的使用对食品产业的发展起着重要的作用，但若不科学地使用，也会带来很大的负面影响。作为食品增味剂，要同时具有三种呈味特性。

(1)本身具有鲜味，而且呈味阈值较低，即使在较低浓度时也可以刺激感官。

(2)对食品原有的味道没有影响，即食品增味剂的添加不会影响酸、甜、苦、咸等基本味道对感官的刺激。

(3)能够补充和增强食品原有的风味，产生鲜美的味道。

有些增味剂与味精合用,有显著的协同作用,可大大提高味精的鲜味强度(一般增加10倍之多)。

2.13 面粉处理剂

刚磨好的小麦粉由于带有胡萝卜素等色素而呈淡黄色,形成的生面团具黏结性,不便于加工或焙烤;但面粉在贮藏后会慢慢变白并经过老化或成熟过程,令其焙烤性能得以改善。但在自然情况下,这一过程相当缓慢。如果要自然成熟,需大量的仓库,而且若保存不好,易发霉变质。采用化学处理方法可以加速这些成熟过程,并且增强酵母的发酵活性和防止陈化。这些进行化学处理的物质即面粉处理剂。

面粉处理剂是促进面粉熟化、提高制品质量的一类食品添加剂。我国常用的面粉处理剂包括以下几类。

(1)面粉增筋剂

新磨制的面粉,特别是用新小麦磨制的面粉筋力小、弹性弱、无光泽,其面团对水分的吸收率低,黏性大,发酵耐力、醒发耐力差,面包极易塌陷、体积小、易收缩变形,组织不均匀。因此,新面粉必须经过后熟或促熟过程。现在国内外均采用加入增筋剂的办法来增强面筋的弹性和韧性,改善面团流变学特性和机械加工性能,从而克服上述缺点。

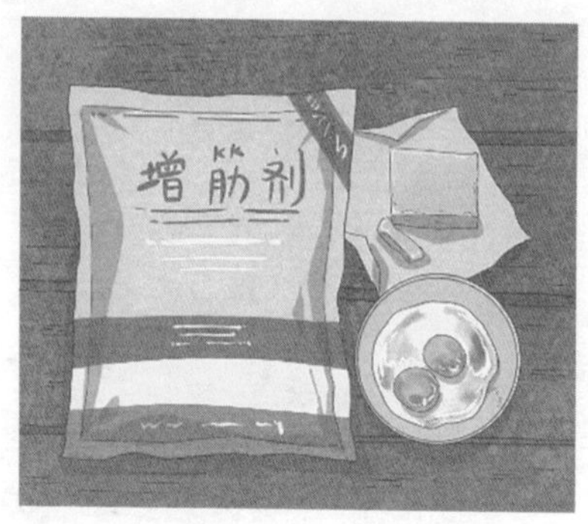

（2）面粉还原剂

面粉还原剂可用于发酵面制品，与面粉增筋剂配合使用时，主要在面筋的网状结构形成后发挥作用，从而提高面团的持气性和延伸性，加速谷蛋白的形成，防止面团筋力过高引起的老化，从而缩短面制品的发酵时间。它还具有促进面包发酵的作用。

（3）面粉填充剂

面粉填充剂是一种分散剂，常作为其他面粉处理剂的载体，包括碳酸镁、碳酸钙等。它除具有使微量的面粉处理剂分散均匀的作用外，尚具有类似抗结剂、膨松剂、酵母养料、水质改良剂的作用。

2.14 被膜剂

被膜剂是一种覆盖在食物的表面后能形成薄膜的物质，可防止微生物入侵，抑制水分蒸发或吸收等。

在蔬果表面使用被膜剂，可以抑制水分蒸发，防止微生物侵入，调节蔬果的呼吸作用，从而达到延长蔬果保鲜时间的目的。有些糖果，如巧克力等，使用被膜剂后，不仅外观光亮、美观，而且可以防止粘连，保持质量稳定。在粮食的贮藏过程中，被膜剂能有效隔离病菌和虫害，也能在一定程度上抑制粮食的呼吸作用,具有良好的保鲜作用。被膜剂用于冷冻食品和固体粉状食品,可防止其因表面失潮而质量下降。在被膜剂中加入一些防腐剂、抗氧化剂和乳化剂等,还可以制成复合型的保鲜被膜剂。

2.15 水分保持剂

水分保持剂是指加入后可以提高食品的稳定性,保持食品内部的持水性,改善食品的形态、风味、色泽等的一类物质。

(1)水分保持剂在肉制品中的作用

磷酸盐作为一种离子强度较高的弱酸盐类,可以提高肉的 pH 值,有利于肌原纤维蛋白(主要有肌球蛋白和肌动蛋白等),特别是肌球蛋白的溶出,可以使肉的保水性提高;磷酸盐能使肉中的肌纤维结构趋于松散,减少加工时原汁流失,增加保水性;磷酸盐还可使蛋白质聚合体消失而乳胶体分布更加均匀,络合肉中的铁离子,继而抑制氧化作用,使肉的异味减少、肉的品质得到改善。

(2)水分保持剂在乳制品中的作用

水分保持剂在乳制品中的作用机制与在肉制品中的相似,即起到缓冲和稳定 pH 值、提高离子强度的作用。它可增强蛋白质与水分子间的相互作用,使蛋白质链之间相互排斥,使更多的水溶入,增加食品的保水性和乳化性;同时可以调节溶液的酸碱性,使溶液酸度稳定。

（3）水分保持剂在面包等淀粉类食品中的作用

面包、馒头等淀粉类食品在冷却和贮藏过程中会有一部分水被排挤出来，出现老化离水现象（也称脱水收缩现象），致使食品产生变硬等不良情况，口感很快劣化。添加水分保持剂可提高淀粉类食品的持水性。

2.16 防腐剂

防腐剂是指能抑制微生物活动、防止食品腐败变质的一类食品添加剂。要使食品有一定的保藏期，就必须采用一定的措施来防止微生物的感染和繁殖。实践证明，添加防腐剂是达到上述目的最经济、最有效和最便捷的方法之一。

由于受一些错误说法的影响，目前人们在选购食品的时候已经到了“谈防腐剂色变”的程度，甚至将其视为食物中的毒品。其实，在安全使用范围内，防腐剂对人体是无毒无害的，它对人体的副作用甚小。我国目前已经批准了 32 种可使用的食物防腐剂。例如山梨酸钾，防腐性极强，毒性极小，本身在人体中存在，可以参与人体的正常代谢。

相反，若没有防腐剂，食物极易腐败变质，导致细菌在人体内繁殖，从而引发食物中毒、各类胃肠道疾病，甚至引发死亡。所以，安全范围内的防腐剂是保存食物必不可少的成分，正常剂量的防腐剂不仅不会对人体造成伤害，还会抑制食物中细菌的生长。

2.17　稳定剂和凝固剂

稳定剂和凝固剂是指使食品结构稳定或使食品增强黏性、固形性的一类食品添加剂。

硫酸钙是一种很好的稳定剂和凝固剂。硫酸钙俗称石膏、生石膏。钙离子和硫酸根离子都是人体正常成分，被认为是无害的。生产豆腐时常用磨细的石膏作为凝固剂，效果最佳。此外，石膏还可以用作过氧化苯甲酰的稀释剂及钙离子硬化剂，番茄罐头和马铃薯罐头的硬化剂。

2.18　甜味剂

甜味剂是指能赋予食品甜味的一类食品添加剂。

甜味剂在食品中的主要作用如下。

(1)增强口感

甜度是许多食品的指标之一，为使食品、饮料具有适口的感觉，需要加入一定量的甜味剂。

(2)形成风味

甜味和许多食品的风味是相互补充的，许多食品的味道就是由风味物质和甜味剂的结合而产生的，所以许多食品都加入甜味剂。

(3)调节和增强风味

糕点一般都需要甜味；饮料风味的调整就有“糖酸比”一项。甜味剂既可使产品获得上佳的风味，又可保留新鲜的味道。

2.19 增稠剂

增稠剂又称胶凝剂，通常是指能溶解于水中，并在一定条件下充分水化形成黏稠、滑腻或者胶冻液状的大分子物质。它是一种能增加胶乳、液体黏度的物质，用于食品时又称糊料。增稠剂可以提高物系黏度，使物系保持均匀、稳定的悬浮状态或乳浊状态，或形成凝胶；大多数增稠剂兼具乳化作用。

增稠剂是食品工业中重要的食品添加剂之一，其突出作用主要表现如下。

(1)增稠、分散和稳定作用

增稠剂都是亲水性的高分子物质，溶于水后有很大的黏度，使体系具有稠厚感。黏度增加后，体系中的分散相不容易聚集，因而可以使分散体系稳定。大多数增稠剂具有表面活性剂的功能，可以吸附于分散相的表面，使其具有一定的亲水性而易于在水系中分散。增稠剂的浓度、pH 值等都会对溶液的黏度产生影响。

(2)胶凝作用

有些增稠剂,如明胶、琼脂等溶液在温热条件下为黏稠流体,当温度降低时,溶液分子连接成网状结构,溶剂和其他分散介质全部被包含在网状结构之中,整个体系形成了没有流动性的半固体,即凝胶。很多食品的加工恰是利用了增稠剂的这种特性,如果冻、奶冻等。有些离子型的水溶性高分子增稠剂,如海藻酸钠,在有高价离子存在时可以形成凝胶,而与温度没有关系。这给许多特色食品的加工带来了方便。

(3)凝聚、澄清作用

大多数增稠剂属于高分子材料物质。在一定条件下,增稠剂可同时吸附多个分散介质,使其聚集和被分离,从而达到纯化或净化的目的。如在果汁中加入少量明胶,就可以得到澄清的果汁。

(4)保水作用

持水性增稠剂都是亲水性高分子物质,本身有较强的吸水性,将其添加于食品后,可以使食品保持一定的水分含量,从而使产品保持良好的口感。增稠剂的亲水性使其在肉制品、面制品中能起到很好的改良品质作用。如在面类食品中,增稠剂可以改善面团的吸水性,加快水分向蛋白质分子和淀粉颗粒渗透的速度。增稠剂能吸收几十倍乃至上百倍于其量的水分,并有持水性,这种特性可以改善面团的吸水量,增加产品重量。增稠剂有胶凝特性,使面制品黏弹性增强,淀粉糊化程度提高,不易老化和变干。

(5)控制结晶

使用增稠剂可赋予食品较高的黏度,从而使许多过饱和溶液或体系中不出现结晶析出或使结晶达到细化效果。如它可提高糖果、冷冻食品膨胀度,降低冰晶析出的可能性,使产品口感细腻;控制糖浆制品的返砂现象,抑制冰淇淋食品中的冰晶出现,或使加工过程中生成的冰晶细微化,使结构细腻均匀、口感光滑、外观整洁。

(6)成膜、保鲜作用

增稠剂可以在食品表面形成一层非常光滑的保护性薄膜，保护食品不受氧气、微生物的作用，以及防止冰冻食品、固体粉末食品的表面吸湿而导致的质量下降。它与食品表面活性剂并用，可用于水果、蔬菜的保鲜，并有抛光作用。作被膜用的食品增稠剂有醇溶性蛋白、明胶、琼脂、海藻酸等。

(7)起泡和稳定泡沫作用

增稠剂可以发泡，形成网络结构。它的溶液在搅拌时可产生大量气体和液泡，使加工食品的表面黏性增加而使食品稳定。蛋糕、面包、冰淇淋等使用鹿角藻胶、槐豆胶、海藻酸钠、明胶等作起泡剂时，增稠剂可以提高泡沫量及增强泡沫的稳定性。如啤酒泡沫与瓶壁间产生“连鬓子”就是使用了增稠剂的缘故。

(8)黏合作用

香肠中使用槐豆胶、鹿角藻胶的目的是使产品成为一个集聚体，均质后组织结构稳定、润滑，并利用胶的强力保水性防止香肠在贮存中失重。阿拉伯胶可以作为片、粒状产品的结合剂，具有使粉末食品颗粒化、食品用香料颗粒化等用途。

(9)用于低热食品的生产

许多增稠剂基本是天然胶质类大分子物质，在人体内几乎不被消化，而是通过代谢过程排泄。所以在食品中用增稠剂代替部分糖浆、蛋白质，很容易降低食物的热值。

(10)掩蔽与缓释作用

有些增稠剂对某些原料自身的不良气味具有吸附和掩蔽作用，可以达到脱味、除腥的效果。如利用环状糊精进行除味时，对有些挥发较快的香气和不稳定的营养成分具有缓释作用。

注意:除非是不正规厂家、不正规渠道销售的增稠剂，或是过期的增稠剂，才有可能对人体造成危害。专家也提醒，虽然目前还没有临床试验数据能够证明包括增稠剂在内的食品添加剂对人体有直接危害,但还是建议大家尽量少摄入。

2.20 食品用香料

食品用香料简称食用香料,是为了提高食品的风味而添加的香味物质。除了直接用于食品的香料外,其他某些香料,如牙膏香料、烟草香料、口腔清洁剂、内服药香料等,在广义上也可看作食品用香料。食品用香料有以下这些作用。

(1)调味、增色、添香作用

用香料赋香,比如八角、桂皮、丁香等能改善和增加菜点的香气;用香料抑制异味,比如花椒、孜然等能矫正或掩盖原料当中的腥膻异味等;用香料着色,比如辣椒、芥末、姜黄等能赋予菜品一定的色泽。

(2)抗氧化作用

大蒜、生姜、花椒、丁香、迷迭香、鼠尾草等香料具有较强的抗氧化作用,特别是可以阻止脂肪自动氧化,所以对畜禽肉类及水产类脂肪性食物有抗氧化作用。

(3)抗菌防腐作用

香料中含有的抗菌性化合物,如酸、醛、醇、丙酯、酮、醚等成分能起到防止食物腐败或生成黏液、变色的作用,我们可以把它看作安全性较高的天然防腐剂。

(4)特殊的药理作用

许多香料也是中医广泛使用的药材，具有一定的药理作用。比如大蒜能杀菌，柠檬能清凉，八角和鼠尾草能镇静，姜能解热，薄荷和肉豆蔻能健胃，小茴香能祛痰，丁香能祛风等。

另外，许多香辛料，像橘皮、八角、丁香、薄荷、肉桂等的精油还能挥发出一种特殊的香气，让人闻之产生清新愉快感。

2.21 食品工业用加工助剂

食品工业用加工助剂就是有助于食品加工顺利进行的各种物质。这些物质与食品本身无关，如助滤、澄清、吸附、润滑、脱模、脱色、脱皮、提取溶剂、发酵用营养物质等。

比如，活性炭就是一种助滤剂、吸附剂、脱色剂，可用于蔗糖、葡萄糖、饴糖等的脱色，油脂和酒类的脱色、脱臭，并吸附油脂中残留的黄曲霉毒素或3,4-苯并芘。活性炭可在各类食品加工过程中使用，不需限定残留量。硅藻土也是一种助滤剂、脱色剂，可用于淀粉糖浆的脱色和葡萄酒、啤酒等的助滤。采用硅藻土、高岭土等吸附糖液中的胶质物，可提高活性炭的脱色效率。它们可在各类食品加工过程中使用，不需限定残留量。

食品工业用加工助剂的使用一般要遵循以下原则。

(1)加工助剂应在食品生产加工过程中使用,使用时应具有工艺必要性,在达到预期目的的前提下应尽可能降低使用量。

(2)加工助剂一般应在制成最后成品之前除去,有规定食品中残留量的除外。食品中加工助剂的残留不应对健康产生危害,不应在最终食品中发挥功能作用。

(3)食品工业用加工助剂应该符合相应的质量规格要求。

2.22 其他上述功能类别中不能涵盖的功能

比如,咖啡因就是一种中枢神经兴奋剂,能够暂时使人驱走睡意并恢复精力。它可作为食品添加剂,应用于可乐中。

第三章 食品添加剂与百姓生活

每每说到食品添加剂，老百姓甚至政府职能部门官员都“谈食品添加剂色变”。究其原因是大家对食品添加剂存在一定的误解，认为食品添加剂不安全，甚至有毒。

众所周知，食品添加剂是法律法规批准的可以用于食品加工的某类天然物质和化学合成物质。《食品安全国家标准 食品添加剂使用标准》(GB 2760—2014)对食品添加剂有明确的定义。食品添加剂来源广泛：或是从动物体中提取的，如琼脂、明胶、茶多酚等；或以微生物发酵得到的，如柠檬酸、味精、红曲红等；或是从自然界中分离出来的，如硫黄、氯化镁、硫酸钙等；或是人工合成的，如磷酸三钠、山梨酸、碳酸钠等。

许多人说，以前没有食品添加剂，我们也生活得有滋有味的。殊不知，随着科技的进步，色、香、味逐渐成为人们选择食品时的标准之一，才使食品添加剂逐渐进入寻常百姓家。食品添加剂是食品安全的卫士，没有食品添加剂，就没有现代食品工业。凡加工食品，每一品种的配方组成大体包括食品主料、食品配料、食品添加剂。而食品添加剂的使用量最小，但是使用目的明确，功效最显著。食品添加剂在食品现代化加工中已经成为必不可少的一部分，食品添加剂就是食品的正常成分之一。

3.1　普通人群常见食品

我国老百姓的主食喜好一般为“北麦南稻”，但随着经济的发展和人们生活水平的提高，南北方差异越来越小，主食也越来越细化。主食包括谷类、薯类、米饭、馒头及其他各种米面食物等。它们提供人类生命活动所需能量，是人类赖以生存的主要食品。我们每天吃的主食同时也是食物里的维生素 B、膳食纤维和碳水化合物的主要来源。

3.1.1 主食

1. 大米及制品

新鲜的大米一般不添加食品添加剂，但随着流通的要求，有时候大米中也需要添加食品添加剂。

大米中含有的食品添加剂主要有以下几种。

(1)防腐剂：苯甲酸、山梨酸、双乙酸钠、富马酸二甲酯等。

(2)抗氧化剂：丁基羟基茴香醚、二丁基对苯甲酚、没食子酸等。

科学学堂

老百姓最担心的是食品防腐剂的安全性问题。目前世界范围内因致病菌污染引发的食物中毒是头号食品安全问题。如谷物食品受黄曲霉菌感染产生黄曲霉毒素是导致人类肝癌的头号因素；不当食用受致病菌污染的包装食品会引起人体胃肠道疾病；肉制品受肉毒杆菌污染产生的肉毒素对人体有致命性毒害。而食品添加剂中的防腐剂能有效抑制有害菌的生长和繁殖，在维护食品安全方面发挥不可替代作用。另外，食品添加剂也对食品中的营养素(如蛋白质、糖、维生素)的稳定保存起到重大作用。可以说，没有食品添加剂也不可能有现代工业加工食品的安全。不添加食品防腐剂的食品存在着重大的食品安全风险。防腐剂可以抑制或者杀死微生物，因此让人们很自然地把其和农药、抗生素等联系在一起，认为其毒性非常大，因而厂家利用这样的心理，打出自己的产品不含防腐剂的广告，使大家对防腐剂的关注度提高了。例如，之前出现了“月饼放置10年未发霉发臭”的新闻，将防腐剂推上了风口浪尖。其实，防腐剂只是食品添加剂的一种，它的毒性与农药、抗生素相比要小得多，但如果一些食品中不加防腐剂，食品很快会发霉、腐烂，产生的危害将十分严重。因此，部分企业以及媒体不要总拿防腐剂说事，给消费者带来错误的观念。

2. 速冻米面制品

速冻米面制品是以米、面、杂粮等为主要原料，以肉类、蔬菜等为食品配料，经加工制成烹制或未烹制的，立即采用速冻工艺制成并可以在冻结条件下运输、贮存及销售的各类食品，如速冻包子、速冻饺子、速冻汤圆、速冻馒头、速冻花卷、速冻春卷等。接下来，我们以速冻饺子为例，阐述速冻米面制品中含有的食品添加剂。

饺子是我国的一种传统食品，因营养丰富、食用方便和味美价廉而深受人们喜爱。但在速冻饺子的制作过程中，还存在一些问题亟待解决。例如，贮藏销售过程中表皮开裂、颜色加深；蒸煮时表皮破裂、脱落或出现起泡现象；水煮时也有混汤、破肚等现象。

速冻饺子皮中的食品添加剂有哪些？速冻饺子怎么才能不裂呢？针对这些问题，使用食品添加剂和食品配料是提升饺子品质的一种有效方法。在速冻饺子皮中使用的食品添加剂和食品配料应具备以下特点:有利于面筋网络充分形成;能增加面皮保水性,避免由于表面水分流失所造成的表面干裂;具有较好的亲水性,可以降低水分在冻结时对面皮的压力。

(1)增稠剂:用于饺子的增稠剂主要有瓜尔豆胶、海藻酸钠、魔芋精粉和黄原胶等,不同增稠剂作用效果不一样。

增稠剂遇水后极易分散并形成高黏度的胶体,这种胶体能将面筋与淀粉颗粒、淀粉颗粒与淀粉颗粒,以及散碎的面筋很好地黏合起来,形成一种致密而有序的三维空间网状结构,增强面团的持水力,因而能增强饺子皮的弹性和韧性,改善口感,降低冻裂率和烹煮损失率。

科学学堂

海藻酸钠是典型的增稠剂,是从褐藻类的海带或马尾藻中提取碘和甘露醇之后的副产物,其分子由β-D-甘露糖醛酸和α-L-古洛糖醛酸按(1→4)键连接而成;是一种天然多糖,具有稳定性、溶解性、黏性和安全性;为白色或淡黄色粉末,几乎无臭无味,溶于水,不溶于乙醇、乙醚、氯仿等有机溶剂;溶于水成黏稠状液体,1%水溶液pH为6~8,常温时黏性稳定,加热至80℃以上时则黏性降低。海藻酸钠无毒,半数致死量(LD_{50})>5g/kg。螯合剂对海藻酸钠溶液性质的影响为:螯合剂可以络合体系中的二价离子,使海藻酸钠能稳定于体系中。海藻酸钠在食品工业和医药领域已经得到广泛应用。

(2)乳化剂:饺子中常用的乳化剂有单甘酯、蔗糖脂肪酸酯、硬脂酰乳酸钠及硬脂酰乳酸钙等。

乳化剂能与面筋蛋白质互相作用形成复合物,即它的亲油基结合麦谷蛋白质,亲水基结合麦胶蛋白质,使面筋蛋白质分子互相连接起来,由小分子变成大分子,强化面筋网络结构,进而增强面团弹性。乳化剂可使水的表面张力降低30%以上,得到粒径小而均匀的分散液滴，在玻璃化转变时更容易形成小的晶粒，降低水饺冻裂率。不同乳化剂对水饺品质有一定的改善作用，但改善效果不尽相同。

科学学堂

乳化剂［如双乙酰酒石酸单（双）甘油酯（DATEM）、羧甲基纤维素钠、琥珀酸丙二醇酯等］可以帮助改善乳化体中各种构成相之间的表面张力，形成均匀分散体或乳化体的物质。双乙酰酒石酸单（双）甘油酯，呈乳白色粉末或颗粒状固体，水溶液呈弱酸性，pH 约为 4，熔化温度约 45℃，HLB 为 8.0～9.2，具有特殊的乙酸气味，能够分散于热水中，能与油脂混溶，溶于乙醇、丙二醇等有机溶剂，属非离子型乳化剂。安全性：FAO（联合国粮食及农业组织）/WHO（世界卫生组织）规定，每日允许摄入量（ADI）<50mg/kg，小鼠经口 LD_{50} >10g/kg，美国食品和药品管理局认定为 GRAS 物质（一般认为安全的物质）。它具有较强的乳化、分散、防老化等作用，是良好的乳化剂和分散剂，能有效增强面团的弹性、韧性和持气性，减小面团弱化度，增大面包、馒头体积，改善其组织结构。除此，乳化剂还可用于乳品、糖及香辛料等。

（3）酶制剂：在面团特性改良方面常用的酶制剂有真菌 α-淀粉酶、细菌 α-淀粉酶、麦芽糖 α-淀粉酶、蛋白酶、脂肪氧化酶、脂肪酶、葡萄糖氧化酶等。

3. 面食

面食是中国老百姓主要的主食之一，如面条、馒头、面包等食品，但殊不知面粉当中也存在很多食品添加剂。市场中的面粉可分为以下几种。

（1）高筋面粉

高筋面粉比较干爽、酥松，蛋白质的含量在 13％以上，加水后能产生高弹性，口感结实，发酵后的效果会更加膨松。中餐常用它制作拉面或者山东大馒头。西餐则多用它制作面包。

(2)中筋面粉

中筋面粉是人们家中常用的面粉,可以说是一种万用粉。市场上卖的中筋面粉蛋白质含量一般在9%~13%。为了做出更好吃的面食,我们要尽量选择蛋白质含量高的中筋面粉。中筋面粉可以用来制作包子、馒头、饺子、油饼、烧饼、酥饼等面食。

(3)低筋面粉

低筋面粉很容易受潮结块,蛋白质含量一般在7%~9%。这种面粉加水后黏性一般比较低。多半用它来制作绵细质感的面点,如海绵蛋糕和薄脆饼干;也会用来调节高筋面粉或中筋面粉,使口感丰富,如起酥。

(4)全麦面粉

全麦面粉是带有麸皮、糠层的小麦磨出的面粉。全麦面粉质地干爽,在添加水之后香气很浓,口感粗糙,缺乏弹性,最好同其他质地面粉同时使用。

由于制作不同的面食需要的面粉种类不同,因此需适当添加食品添加剂,使面粉满足各种用途。面粉中常用的食品添加剂有以下几种作用。

(1)改变面粉筋度

过去,溴酸钾是最为常用的面粉增筋剂,但近年的安全性研究发现,溴酸钾具有一定的毒性和致癌作用,不少国家已相继禁用或限用溴酸钾。现如今,面粉增筋剂主要是偶氮甲酰胺(ADA)等,因其具有漂白和氧化双重作用,可提高面粉的筋度,使面粉可以满足生产拉面、水饺等的需要。

科学学堂

偶氮甲酰胺(ADA),纯品为黄色至橘红色结晶性粉末,无毒,无臭,相对密度1.65,熔点225℃(分解),不溶于热水和大多数有机溶剂,易溶于二甲基亚砜(0.1%～1.0%)和*N*,*N*-二甲基甲酰胺。

有的面粉用于生产饼干、桃酥等不需要筋度的食品时,需要增加面粉成筋剂以破坏面粉的筋度。面粉减筋剂一般为复配食品添加剂,由亚硫酸氢钠、焦亚硫酸钠、复合酶制剂等组成。

科学学堂

亚硫酸氢钠是一种还原剂,广泛用于韧性饼干生产,目的是降低面团弹性、韧性,有利于压片和成形。激活面粉中的蛋白酶,断开面团中的—S—S—键,形成硫氢键(—SH),从而减少面筋中的网状组织,减弱面团的弹性、韧性和强度,提高面团可塑性。蛋白酶改变面粉工艺性质的机制是分解面筋蛋白质为氨基酸等物质,切断蛋白质分子的肽链,从而降低面筋筋力,提高其可塑性。蛋白酶对蛋白质的作用是不可逆的,即断裂的蛋白质分子不能重新合起来,故在使用蛋白酶时要特别谨慎,万万不可过量。

(2)改良面粉品质

常用于改良面粉品质的食品添加剂主要包括抗氧化剂、乳化剂或膨松剂等。这些物质具有强化或弱化面筋、改善面制品的组织结构、防止老化以及调整面粉中酶活性的作用。其主要成分为聚丙烯酸钠,可以全面提高面粉的品质,使面粉在筋度、延伸性、稳定性等指标上都可以满足高档面制品生产的需要。

科学学堂

聚丙烯酸钠(PAAS,PAA-Na),结构式为—CH_2—CH(COONa)$_n$—,无毒,是一种水溶性高分子化合物。商品形态的聚丙烯酸钠,相对分子质量小到几百,大到几千万,外观为无色或淡黄色液体、黏稠液体、凝胶、树脂或固体粉末,易溶于水。因中和程度不同,水溶液的pH一般在6~9。能电离,有或无腐蚀性。易溶于氢氧化钠水溶液,但在氢氧化钙、氢氧化镁等水溶液中随碱土金属离子数量的增加,先溶解后沉淀。缓慢溶于水形成极黏稠的透明溶液,0.5%溶液的黏度约为1000cp。其不像羧甲基纤维素钠(CMC)和海藻酸钠那样吸水膨胀,而是由于分子内许多阴离子基的离子现象使分子链增长,表观黏度增大,从而形成高黏性溶液。其黏度为CMC、海藻酸钠的15~20倍,耐碱性好,久存黏度变化小,不易腐败。其可替代瓜尔豆胶、CMC、明胶、海藻酸钠等产品,降低生产成本,提高食品等级,改善口感,延长保质期。

过去,人们总是认为粉质细、粉色白的面粉口感好,因此倾向于购买粉色白的面粉。为满足消费者的这一心理,面粉生产商采用具有增白效果的食品添加剂,即增白类添加剂来达到增白的效果。过去常用的面粉增白类添加剂为过氧化苯甲酰。它具有强氧化作用,能够加快面粉的后熟,使面粉在常温下需要半个月的后熟时间缩短为3~5天,它可以缓慢地氧化面粉中的叶黄素、胡萝卜素,使其由略带黄色变为白色。过氧化苯甲酰作为一种强氧化剂,在对面粉起增白作用的同时,会破坏某些营养成分;此外,若长期食用,会造成苯慢性中毒,损害肝脏。因此,目前《食品安全国家标准 食品添加剂使用标准》(GB 2760—2014)中不再将其列入食品添加剂。

科学学堂

过氧化苯甲酰(BPO)是一种有机过氧化物,化学式为$C_{14}H_{10}O_4$,

是常用的自由基聚合反应的引发剂。过氧化苯甲酰对小麦粉有增白效果。2011 年 3 月,卫生部等七部门发布公告:自 2011 年 5 月 1 日起,禁止在面粉生产中添加过氧化苯甲酰、过氧化钙,食品添加剂生产企业不得生产、销售食品添加剂过氧化钙和过氧化苯甲酰。

4. 糕点

色彩丰富的糕点中,其华丽外表下有着怎样的食品添加剂呢?

(1)着色剂:糕点中常使用合成着色剂,例如苋菜红、赤藓红、柠檬黄、日落黄、靛蓝等。只能用于糕点的彩装和中式糕点的表面装饰。

(2)食品用香料:常用的有水果型香精、香兰素、奶油香精、巧克力香精、可可型香精、薄荷型香精等。

(3)抗氧化剂:包括茶多酚、生育酚、黄酮类、丁基羟基茴香醚、二丁基羟基甲苯、叔丁基对苯二酚等。

(4)防霉剂:主要由丙酸钙、丙酸钠、脱氢乙酸钠等成分组成。例如,在面包中加入 0.3 % 丙酸钙,可延长货架期 2 ~4 天;在月饼中加入 0.25 % 丙酸钙,可延长保质期 30 ~40 天。

科学学堂

作为防腐剂的丙酸盐一般为丙酸的钠盐和钙盐,均为白色结晶、颗粒或结晶性粉末,无臭味或略具特殊性臭味,易溶于水。丙酸盐可

以抑制霉菌生长，而对酵母菌没有作用。丙酸盐呈微酸性，对各类霉菌、需氧芽孢杆菌或革兰氏阴性菌有较强的抑制作用，对能引起食品发黏的菌类（如枯草杆菌）的抑菌效果很好，对防止黄曲霉毒素的产生有特效。它的最大使用量为0.25g/kg（以丙酸计）。丙酸盐也属于酸型防腐剂，其抑菌作用受环境pH的影响，最小抑菌浓度在pH 5.0时为0.01％，在pH 6.5时为0.5％。丙酸盐可以像醋酸一样加入面团中，用在烘烤过程中熔化或溶解的材料作被膜。此外，丙酸是食品中的正常成分，也是人体代谢的中间产物，ADI不作规定。从理论上讲，丙酸进入人体后，可以依次变成丙酰辅酶A、D-甲基丙二酸单酰辅酶A和琥珀酰辅酶A；琥珀酰辅酶A既可以进入三羧酸循环而彻底氧化分解，又可以进入糖异生途径而合成葡萄糖或糖原。

3.1.2 调味品

1. 食用调味油

食用调味油由天然食用香料和植物油制成，并以一定方式加工，具有浓重的气味和口感。它不仅食用方便，而且卫生，可以很好地满足人们的食用需求。常见的食用调味油主要包括辣椒调味油、芥末调味油、花椒调味油、生姜调味油、大蒜调味油、葱调味油、胡椒调味油等。

“食用调味油中含有食品添加剂吗？为什么要添加呢？不添加会有什么问题？”百姓经常会遇到这些问题，有时候十分纠结。在食用调味油的制取过程中，也用到了食品添加剂，主要是抗氧化剂。油脂置于空气中容易被氧化，分解成有哈喇味的醛、酮类小分子化合物。抗氧化剂是国家标准允许的食品添加剂，能使植物油中不饱和脂肪酸免受氧化链式反应，不会因变质而发出油臭味，从而延长食用油的货架期。常见的抗氧化剂有丁基羟基茴香醚、二丁基对甲苯酚、叔丁基对苯二酚、维生素 E 等。目前，安全性更高的维生素 E 已成为市场新宠。

有人会问：“那不加添加抗氧化剂，油难道就不可以用了吗？”其实，我们只要试试便知，没有添加抗氧化剂的油极易氧化变质，发出酸败的味道。

科学学堂

丁基羟基茴香醚（BHA）又名叔丁基-4-羟基茴香醚、丁基大茴香醚，为两种成分（3-BHA 和 2-BHA）的混合物。分子式为 $C_{11}H_{16}O_2$，相对分子质量为 180.25。丁基羟基茴香醚的抗氧化作用是由它放出氢原子以阻断油脂自动氧化而实现的。其 LD_{50}：小鼠口服 1.1g/kg 体重（雄性），小鼠口服 1.3g/kg 体重（雌性）；大鼠口服 2.0g/kg 体重，大鼠腹腔注射 0.2g/kg 体重；兔口服 2.1g/kg 体重。丁基羟基茴香醚可用于食用油脂、油炸食品、干鱼制品、饼干、速煮米、果仁罐头、腌腊肉制品（如咸肉、腊肉、板鸭、中式火腿、腊肠等）、早餐谷类食品，其最大使用量为 0.2g/kg；其在胶基糖果中的最大使用量为 0.4g/kg。丁基羟基茴香醚与二丁基羟基甲苯、没食子酸丙酯混合使用时，其中丁基羟基茴香醚与二丁基羟基甲苯总量不得超过 0.1g/kg，没食子酸丙酯不得超过 0.05g/kg（使用量均以脂肪计）。此外，它也可用于胶姆糖。

维生素 E，又名生育酚或产妊酚，是最主要的抗氧化剂之一。其溶于脂肪和乙醇等有机溶剂中，不溶于水，对热、酸稳定，对碱不稳定，对氧敏感，对热不敏感，但油炸时维生素 E 活性明显降低。其在食用油、水果、蔬菜及谷物中均存在。

2. 醋

醋本身是调味食品。我们平时吃的醋里面有哪些添加剂呢？其中不仅有山梨酸钾、苯甲酸钠这类防腐剂，而且有焦糖色这类色素等。

(1)防腐剂：调味品含水量大，又不经过高温灭菌过程，经常出现菌类引起的变质和腐败，所以要使用防腐剂。最常用的是苯甲酸钠、山梨酸钾，它们都是化学合成的防腐剂。其中，苯甲酸钠的安全性相对较低。山梨酸钾是较高效、安全的防腐剂，能有效抑制霉菌、好氧性细菌以及肉毒杆菌、沙门氏菌等有害微生物的生长。

科学学堂

山梨酸钾又名 2,4-己二烯酸钾，是山梨酸的钾盐，分子式为 $C_6H_7O_2K$，白色至浅黄色鳞片状结晶、晶体颗粒或晶体粉末，无臭或微有臭味，长期暴露在空气中易吸潮、被氧化分解而变色。易溶于水，能溶于丙二醇和乙醇。常被用作防腐剂，通过与微生物酶系统的巯基结合而破坏许多酶系统，其毒性远低于其他防腐剂，目前被广泛使用。山梨酸钾在酸性介质中能充分发挥防腐作用，在中性条件下防腐作用弱。山梨酸钾的毒理学评价如下：ADI 为 0 ~ 25mg/kg，而 LD_{50} 为 10.5g/kg，属于 GRAS 级别。

(2)色素：焦糖色是利用蔗糖加热生产的一种低毒性的色素，在酱油、醋、调味酱等调味品中常使用，主要是为了使产品色泽更加标准化。在酱油、醋等的加工过程中，会产生有色物质，形成酱油、醋的颜色，但不同的加工批次之间原料、加工条件、时间、工艺不同，最后的产品色泽差别可能很大，所以要用焦糖色进行调色。

在生产工艺上，酱油、醋、调味酱相似，都使用了食品添加剂，不过添加剂种类及用量有所不同。

科学学堂

焦糖色又名酱色，是糖类物质（如饴糖、蔗糖、糖蜜、转化糖、乳糖、麦芽糖浆和淀粉的水解产物等）在高温下脱水、分解和聚合而成的复杂红褐色或黑褐色混合物，其中某些为胶质聚集体，是应用较广泛的半天然食品着色剂。20 世纪 60 年代，由于其环化物 4-甲基咪唑的问题，焦糖色曾一度被怀疑对人体有害而被各国政府禁用。经科学家们的多年研究，证明它是无害的，联合国粮食及农业组织（FAO）、世界卫生组织（WHO）、世界卫生组织食品添加剂联合专家委员会（JECFA）均确认焦糖色是安全的，但对 4-甲基咪唑做了限量的规定。我国对焦糖色（加氨生产）、焦糖色（亚硫酸铵法）、焦糖色（苛性硫酸盐）等进行了分类，并规定了其在各类食品中的使用限量。

3. 酱油

作为几乎每日都会用到的调味品，酱油中可能添加的食品添加剂又有哪些呢？这些添加剂又有哪些作用呢？

(1)增味剂:包括5′-呈味核苷酸二钠(又名呈味核苷酸二钠)、酵母提取物、谷氨酸钠、5′-肌苷酸二钠、5′-鸟苷酸二钠等,作用是增强食品风味。

科学学堂

呈味核苷酸是由核苷酸组成的一种强效增味剂。其主要含5′-肌苷酸二钠和5′-鸟苷酸二钠(两者含量之和占90%以上)。一般由酵母酶解后精制而成,是味精的升级产品,在味精中只需加入1%,即可使鲜度增加1~2倍。

(2)甜味剂:三氯蔗糖是唯一以蔗糖为原料的功能性甜味剂,甜度可达蔗糖的600倍。这种甜味剂具有无能量、甜度高、甜味纯正、高度安全等特点,是目前最优秀的功能性甜味剂之一。

科学学堂

三氯蔗糖俗称蔗糖素,是一种高倍甜味剂,分子式为 $C_{12}H_{19}Cl_3O_8$;稳定性高,对光、热、pH均很稳定;极易溶于水、甲醇和乙醇,微溶于乙醚。10%水溶液的pH为5~8。1989年,FAO、WHO、JECFA对三氯蔗糖的安全性进行了确认。1991年,加拿大卫生福利部也确认了三氯蔗糖的安全性,并批准三氯蔗糖的使用。随后,美国、日本、欧盟、澳大利亚和新西兰等也都确认了三氯蔗糖的安全性并批准其使用。我国于 1997 年正式批准使用三氯蔗糖。现已有 100 多个国家和地区批准在食品中广泛应用三氯蔗糖作为食品甜味剂。

(3)增色剂:焦糖色是在食品中应用十分广泛的一种天然着色剂,是食品添加剂中的重要一员。

(4)防腐剂:主要有山梨酸钾和苯甲酸钠,能抑制食品中微生物的繁殖,延长食品的贮存期。

4. 食盐

工业上用海水晒盐(也称盐田法)或用井水、盐湖水煮盐,使食盐晶体析出。这样制得的食盐含有较多杂质,叫作粗盐。粗盐经溶解、沉淀、过滤、蒸发,可制得精盐。为解决食盐易结块的问题,人们常在生产中加入抗结剂亚铁氰化钾。亚铁氰化钾受高热分解,与酸反应,生成剧毒的氰化物。但在一般条件下,亚铁氰化钾的分解是十分困难的,而且按每天摄入食盐 6 ~ 10g 来换算,达不到亚铁氰化钾的致死量(50 ~ 100mg),所以不必担心食盐中所含的微量亚铁氰化钾带来的微不足道的毒素。市场上出售的食用盐除精制盐外,还有其他品种,那些食用盐可称为“花色盐”,一般很少见,使用的并不多。

我国允许使用的抗结剂有五种,即亚铁氰化钾、硅铝酸钠、磷酸三钙、二氧化硅和微晶纤维素。由于老百姓“谈氰化物色变”,绿色食

品食用盐禁止添加“亚铁氰化钾”。

科学学堂

亚铁氰化钾是一种无机化合物，又名六氰铁(Ⅱ)酸钾，分子式为 $K_4Fe(CN)_6$，呈黄色结晶性粉末。由于分子中氰离子与铁结合牢固，因此亚铁氰化钾毒性极低。大鼠经口 LD_{50} 为 1.6～3.2g/kg。FAO/WHO 规定，ADI 为 0～0.25mg/kg。其具有抗结性能，可用于防止细粉、结晶性食品板结。例如，食盐长久堆放易发生板结，加入亚铁氰化钾后，食盐的正六面体结晶转变为星状结晶，从而不易发生结块。

5. 味精

味精是家庭生活中不可或缺的调味品，指以粮食为原料、经发酵提纯的谷氨酸钠结晶，是一种呈味氨基酸，所以是一种无毒的物质，但是使用不当也会影响安全。谷氨酸钠同时也是一种食品添加剂。

科学学堂

谷氨酸钠是一种无色至白色棱柱状结晶或白色结晶性粉末，分子式为 $C_5H_8NO_4Na$，基本没有特殊气味，具有强烈的肉类鲜味，略有甜味或咸味。它就是鸡精和味精的主要成分，能够很好地提升菜品的味道。

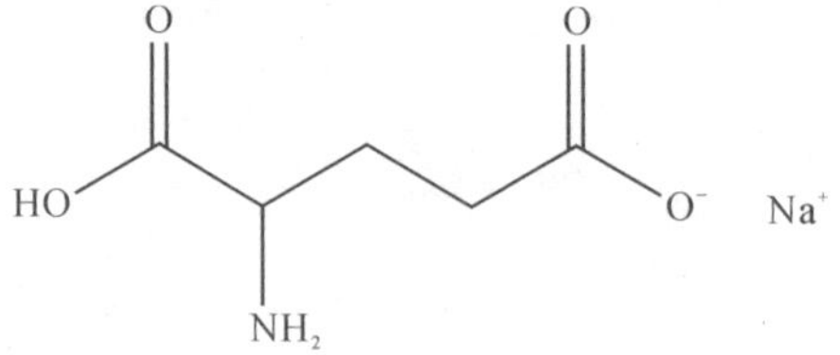

6. 鸡精

鸡精是在味精的基础上加入化学调味品制成的，由于核苷酸带有鸡肉的鲜味，故称鸡精。其可以用于使用味精的所有场合，适量加入菜肴、面食中均能达到效果。鸡精中除含有谷氨酸钠外，还含有更多种氨基酸。它既能增加人们的食欲,又能提供一定营养。鸡精中常用的食品添加剂有谷氨酸钠、呈味核苷酸二钠、食用香精、维生素 B_2 等。添加量在合理范围内,可以放心食用。

7. 酱料

各种酱料或多或少含有食品添加剂。

(1)豆瓣酱:苯甲酸钠作为防腐剂,能够延长食品的保质期;谷氨酸钠、5′-肌苷酸钠作为增味剂,能够增强食品风味;黄原胶作为增稠剂,可以增加食品均匀、稳定性,改善食品性状。

(2)辣椒酱:山梨糖醇作为甜味剂,能够调整酱料的风味。苯甲酸钠作为防腐剂,能够防止酱料受微生物污染而腐败变质,延长其货架期。

(3)沙拉酱:有谷氨酸钠、黄原胶、乙二胺四乙酸二钠等食品添加剂。

8. 蚝油

蚝油中有谷氨酸钠、焦糖色、山梨酸钾、柠檬酸、羟丙基二淀粉磷酸酯等食品添加剂。

3.1.3 豆制品

大豆有“豆中之王”之称,被人们叫作“植物肉”“绿色的乳牛”,营养价值最丰富。干大豆中高品质的蛋白质含量约 40 %,为粮食作物之冠。现代营养学研究表明,1 千克干大豆的蛋白质含量相当于 2 千克多瘦猪肉(或 3 千克鸡蛋、12 千克牛奶)的蛋白质含量。豆类中脂肪含量也很高,出油率达 20 %。此外,大豆中还含有维生素 A、B、D、E,以及钙、磷、铁等矿物质。

豆制品因加工方式不同,品种多样,口感丰富,是百姓日常生活中重要的一类副食品,深得各类人群的喜爱。它常分为大豆发酵制品和大豆非发酵制品两类。前者主要指由一种或几种特殊的生物经过发酵过程得到的产品,有酱油、豆瓣酱、腐乳、豆豉等;后者常见的有豆腐、豆花、豆浆、豆腐干、豆腐丝、豆腐皮、腐竹、千张等。

1. 豆浆

豆奶是大豆经研磨后，萃取性状良好的、乳白色至淡黄色的乳状液体制品。其主要原料包括优质大豆、白砂糖、水、乳粉、食用盐、维生素 B_2 与 B_6、烟酰胺。

豆浆是中国汉族传统饮品，是将大豆用水泡胀后磨碎、过滤、煮沸而成。豆浆营养非常丰富，且易于消化吸收，是人们日常生活中普遍的食物。普通家庭中做的豆奶都是不含食品添加剂的。

而在市场上，商家往往会加入一些食品添加剂。为了防止脂肪的分离和蛋白质、淀粉物质的沉淀，会加入乳化剂单硬脂酸甘油酯、改性大豆磷脂来确保产品的稳定性；加入增稠剂黄原胶和微晶纤维素来防止固形物沉淀；加入食品用香料来调节其风味；另外，为了防止加工过程中溢锅，也会加入一些消泡剂，如乳化硅油、聚二甲基硅氧烷等。

科学学堂

乳化硅油为白色黏稠液体，不溶于乙醇、甲醇，溶于芳香族碳氢化物、脂肪族碳氢化物和氯代碳氢化合物（如苯、四氯化碳等）。此外，乳化硅油具有优异的化学稳定性、耐热耐寒性、耐候性、润滑性、憎水性和低表面张力，对人体无毒无害，广泛用于个人护理、食品生产、发酵工业等。

2. 豆腐

豆腐制作历史悠久，是我国素食菜肴的主要原料，经过不断的改造，逐渐受到人们的欢迎，被人们誉为“植物肉”。豆腐可以常年生产，不受季节限制。豆腐因凝固剂的不同，主要分为三类：一是以盐卤为凝固剂制得的，多见于北方地区，称为北豆腐，含水量少，含水量在 85 % ~88 % ，较硬。盐卤主要成分有氯化镁、硫酸镁、氯化钠、溴化镁等，食用过量会造成生命危险。二是以石膏粉为凝固剂，多见于南方，称为南豆腐，含水量较北豆腐多，可达 90 % 左右，松软。石膏的主要成分有硫酸钙，由于钙和硫酸根在人体中也常存在，因此被认为是无害的。三是以葡萄糖酸-δ-内酯为凝固剂，称为内酯豆腐。葡萄糖酸-δ-内酯为白色结晶或结晶性粉末，是无毒的食品添加剂。

豆腐中主要的食品添加剂有以下几种。

(1)消泡剂：如乳化硅油，可以在加工过程中消除或抑制液面气泡，保证操作顺利。

(2)稳定剂和凝固剂：如葡萄糖酸-δ-内酯，在水中解离，生成葡萄糖酸，使大豆蛋白、牛乳蛋白溶胶凝结而成蛋白质凝胶，提升口感，还具有一定的防腐剂、膨松剂、酸度调节剂的功能。

3. 其他豆制品

其他豆制品常用的食品添加剂有以下几种。

(1)防腐剂：常用的有苯甲酸(钠)、山梨酸(钾)。

(2)甜味剂：常用的有甜蜜素、A-K 糖、阿斯巴甜等。

(3)增味剂：补充剂。

(4)食品用香料：赋予豆制品香气，如粉末香精、液体香精、肉类香料等。

(5)色素：用于调色，如亮蓝及其铝色淀、叶绿素铜钠盐等。

3.1.4 乳制品

乳制品指以牛奶、羊奶等为主要原料，加入或不加入适量维生素、矿物质和其他食品配料，根据法律法规及标准规定的条件加工制作的产品。乳制品包括液体乳(巴氏杀菌乳、灭菌乳、调制乳、发酵乳)、乳粉(全脂乳粉、脱脂乳粉、部分脱脂乳粉、调制乳粉、牛初乳粉)、其他乳制品等，营养丰富，对人体有很多好处。乳制品内加入乳化剂(如单硬脂酸甘油酯、单甘油脂肪酸酯、卵磷脂和羟基化卵磷脂等)、增稠剂(如黄原胶、瓜尔胶、海藻酸丙二醇酯等)、防腐剂(如乳酸链球菌素）、甜味剂、酸度调节剂、抗氧化剂和抗结剂等。

乳化剂使脂肪粒子细微，分布均匀，提高了乳化液的稳定性，抑制了粗大冰晶的产生，从而使产品口感更加细腻。

增稠剂可以改善和增加食品的黏稠度，保持流态食品、胶冻食品的色、香、味和稳定性，改善食品的物理性状，赋予食品润滑适口的口感，兼有乳化、稳定或使呈悬浮状态的作用。

稳定剂中的柠檬酸钠和磷酸氢二钠，在稀奶油中，可防止均质时稠度过大；在炼乳中，可避免酪朊酸盐－磷酸盐粒子与乳浆处于不平衡状态。在较低温度时，乳会因 Ca^{2+}、Mg^{2+} 过剩而凝固，添加以上两种稳定剂可起稳定作用。

1. 纯牛奶

纯牛奶一般包含巴氏杀菌乳和灭菌乳。巴氏杀菌乳是以鲜奶为原料，采用巴氏温度杀菌制成的产品，俗称鲜牛奶。灭菌乳通过高温或超高温灭菌制成，部分称为纯牛奶。根据《食品安全国家标准 食品添加剂使用标准》（GB 2760—2014），巴氏杀菌乳和灭菌乳中不允许添加任何食品添加剂。

2. 调制乳

根据《食品安全国家标准 调制乳》（GB 25191—2010）定义，调制乳是以不低于 80 % 的生牛（羊）乳或复原乳为主要原料，添加其他原料、食品添加剂或营养强化剂，采用适当的杀菌或灭菌等工艺制成的液体产品。

调制乳中可添加增稠剂双乙酰酒石酸单(双)甘油酯、山梨醇酐单月桂酸酯(又名司盘20)等,甜味剂三氯蔗糖、阿斯巴甜等,着色剂日落黄及其铝色淀等,稳定剂葡聚糖等。人们担心添加增稠剂会使奶的营养价值降低,但事实上,增稠剂能提升食品的营养价值。常见的胶类、多糖类、糖醇类增稠剂大部分来自天然食材,因此能增加食品中的膳食纤维含量。

3. 酸乳

《食品安全国家标准　发酵乳》(GB 19302—2010)规定:酸乳(又称酸奶)是以生牛(羊)乳或乳粉为原料,经杀菌、接种嗜热链球菌和保加利亚乳杆菌(德氏乳杆菌保加利亚亚种)而发酵制成的产品。有些国家还规定:如果同时使用了第三种菌,则不可称为酸乳,而只能称为发酵乳。

酸乳中可添加稳定剂、乳化剂、增稠剂、甜味剂等食品添加剂,其作用主要是维持乳体系的稳定性,防止乳清析出分层等问题出现。

科学学堂

一篇名为《破皮鞋熬制老酸奶》的文章曝出老酸奶中可能含有工业明胶等问题,引起消费者、销售商和乳品企业的强烈关注。《食品

安全国家标准 食品添加剂使用标准》(GB 2760—2014)规定:发酵乳可以按照生产需求适量添加食用明胶,以改善发酵乳的组织状态和口感,且具有一定的营养价值。食用明胶是胶原的水解产物,是一种无脂肪的高蛋白,且不含胆固醇,是一种食品增稠剂,食用后既不会使人发胖,也不会使人体力下降。明胶亦是一种强有力的保护胶体,乳化力强,进入胃后能抑制牛奶、豆浆等蛋白质与胃酸作用而发生的凝聚反应,有利于食物消化。但是,工业明胶对于发酵乳来说是非法添加物,是不允许添加的。

4. 乳粉

根据《食品安全国家标准 乳粉》(GB 19644—2010)定义,乳粉(又称奶粉)是指以生牛(羊)乳为原料,经加工制成的粉状产品,包括全脂乳粉、脱脂乳粉、部分脱脂乳粉和调制乳粉。广义上的乳粉是指以生牛(羊)乳为原料,添加或不添加一定数量的动物或植物蛋白质、脂肪、维生素、矿物质等配料,用加热或冷冻的方法除去乳中绝大部分水分而制成的粉末产品,包括全脂奶粉、脱脂奶粉、调制奶粉(如全脂加糖奶粉、儿童奶粉等)、婴幼儿配方奶粉等。

乳粉中可添加的食品添加剂主要有抗氧化剂、乳化剂、甜味剂、抗结剂、食品用香料等。抗氧化剂添加到奶粉中是为了避免脂肪氧化。脂肪氧化对于奶粉而言是比较常见的现象,比如开了罐的奶粉在一段时间后会有一股哈喇味,这就是脂肪氧化后的味道。根据《食品安全国家标准 食品添加剂使用标准》(GB 2760—2014),0～6个月婴幼儿配方食品中不得添加任何食品用香料;较大婴儿和幼儿配方食品中可以使用香兰素、乙基香兰素和香荚兰豆浸膏,但使用量受限制。

科学学堂

奶粉中添加的三聚氰胺,是食品添加剂吗?

不是!它不是食品添加剂,而是非法添加物。三聚氰胺俗称密胺、蛋白精，分子式为 $C_3H_6N_6$，国际理论化学和应用化学联合会（IUPAC）命名为1,3,5-三嗪-2,4,6-三胺，是一种三嗪类含氮杂环有机化合物，被用作化工原料。它是白色单斜晶体，几乎无味，对身体有害，不可用于食品及食品加工。

5. 奶油

据《食品安全国家标准　稀奶油、奶油和无水奶油》（GB 19646—2010）定义，稀奶油是以乳为原料，分离出的含脂肪的部分，添加或不添加其他原料、食品添加剂和营养强化剂，经加工制成的脂肪含量10.0％～80.0％的产品。奶油是以乳和（或）稀奶油（经发酵或不发酵）为原料，添加或不添加其他原料、食品添加剂和营养强化剂，经加工制成的脂肪含量不小于80.0％的产品。奶油常被分成甜性奶油和发酵奶油（又名酸性奶油，由稀奶油经细菌发酵酸化制成）两种类型。按照盐含量不同，奶油又可分为无盐、加盐和特殊加盐奶油。

因此，乳化剂、稳定剂、甜味剂、防腐剂等食品添加剂可用于奶油制品中。

科学学堂

人们最担心的是奶油中的脂肪酸，尤其是人造奶油中的反式脂肪酸。反式脂肪酸又称逆态脂肪酸，是一种不饱和脂肪酸（单元不饱和或多元不饱和），其分子包含位于碳原子相对两边的反向共价键结构，与“顺式脂肪”比较起来，此反向分子结构较不易扭结。食物包装上一般食物标签列出的成分如称为“代可可脂”“植物黄油（人造黄油、麦淇淋）”“部分氢化植物油”“氢化脂肪”“氢化棕榈油”“酥油”“人造酥油”“雪白奶油”或“起酥油”等，表示含有反式脂肪酸。研究发现，食用过多反式脂肪酸会增加罹患心血管疾病的概率。

6. 干酪

据《食品安全国家标准　干酪》（GB 5420—2021）定义，干酪也可称为“奶酪”，是指成熟或未成熟的软质、半硬质、硬质或特硬质、可有包衣的乳制品，其中乳清蛋白/酪蛋白的比例不超过生（或其他奶畜）乳中的相应比例（乳清干酪除外）。干酪由下述方法获得：乳和（或）乳制品中的蛋白质在凝乳酶或其他适当的凝乳的作用下凝固或部分凝固后（或直接使用凝乳后的凝乳块为原料），添加或不添加发酵菌种、食用盐、食品添加剂、食品营养强化剂，排出或不排出（以凝乳后的蛋白质凝块为原料时）乳清，经发酵或不发酵等工序制得固态或半固态产品。

目前，我国的产品以再制干酪为主，再制干酪又称加工干酪或重组干酪，是以 1 种或 2 种不同成熟度的天然干酪为主要原料，经粉碎后添加乳化剂、稳定剂熔化而成的制品。在加工过程中，可根据不同口味的需要添加香辛料、调味品，最后经冷却包装而成。可添加酸度调节剂、乳化剂、酶制剂等食品添加剂。

科学学堂

再制干酪加工过程中一般需要添加乳化盐，比如焦磷酸二氢二钠、焦磷酸钠、磷酸二氢钙、磷酸二氢钾等，可作为水分保持剂、膨松剂、酸度调节剂、稳定剂和凝固剂、抗结剂。焦磷酸二氢二钠是一种无机化合物，化学式为 $Na_2H_2P_2O_7$，为白色结晶性粉末，溶于水，不溶于乙醇，主要用作快速发酵剂、水分保持剂、品质改良剂，用于面包、饼干等焙烤食品、再制干酪及肉类。

3.1.5 肉制品

肉制品的加工方法有腌制、卤酱、蜡制、风干等。为了适应市场需求、改进产品品质、改善食品色泽、赋予产品浓郁香味和延长食品保质期，食品添加剂被广泛地用于肉制品的加工生产中。

（1）护色剂：改善食品色泽，包括亚硝酸钠、硝酸钠、硝酸钾、烟酰胺等。它可以防止肌红蛋白氧化，使肉制品的切面不发生褐变。硝酸盐和亚硝酸盐的使用应严格控制，暂无替代品，并且对肉毒梭状芽孢杆菌有抑制作用。

(2)着色剂:使肉制品有鲜亮的色彩。天然色素主要是红曲米和红曲色素。而食用合成色素大多对人体有害,明确规定加工肉制品中不得使用合成色素。

(3)食品用香料:天然香辛料包括花椒、胡椒、茴香、豆蔻等,合成香精包括猪肉香精、牛肉香精、鸡肉香精等。不同调味香精具有代表肉类的特征香气,使香味更细腻、持久,不仅能补充产品香味,改善口感,还能掩盖原料的不良味道。

(4)增味剂:谷氨酸钠是肉制品中常见的增味剂。高档肉制品使用的食品配料和食品添加剂少,肉的香气和风味相应增加;低档肉制品则反之。

(5)酶制剂:使肉质鲜嫩。餐饮行业起嫩化作用的食品添加剂主要是蛋白酶类。它是一类专门分解蛋白质的酶,能将肉类结缔组织纤维中结构复杂的胶原蛋白及弹性蛋白进行适当分解,提高肉的嫩度,并使风味改善。最常用的植物蛋白酶嫩化剂为木瓜蛋白酶。

(6)水分保持剂:显著提高肉类持水性,改变肉制品的质地,包括焦磷酸钠、三聚磷酸钠、六偏磷酸钠等多聚磷酸盐。但若含量过高,会阻碍钙的吸收,引起体内钙磷比例失调。

1. 西式火腿

西式火腿起源于欧洲,在北美洲、日本及其他西方国家广为流行，鸦片战争以后传入中国。其色泽鲜艳、肉质细嫩、口味鲜美、营养丰富、食用方便，深受消费者欢迎。西式火腿类产品是以畜、禽肉为原料，经剔骨、选料、精选、切块、盐水注射腌制后，加入食品配料，再经滚揉、填充、蒸煮、烟熏（或不烟熏）、冷却等工艺，采用低温杀菌、低温贮运的盐水火腿。营养组成主要是水分、蛋白质、脂肪、糖类、调味品、无机盐和其他必要的添加物，其中包括4%～8%的食品添加剂。

西式火腿中主要的食品添加剂有以下几种。

（1）护色剂：如亚硝酸盐，最大的作用就是护色，因为肉制品加工后肉色会变暗，影响品相，为保持肉本来的鲜红色就会加入护色剂。

（2）水分保持剂：是西式火腿中必须加入的一类食品添加剂。它不仅有乳化作用，还可以改善风味，保持嫩度。常用的水分保持剂是磷酸钠盐类（三聚磷酸钠、焦磷酸钠、六偏磷酸钠等），它的安全性较高。

（3）增稠剂：常用胶体充当增稠剂，主要起到保水和增强弹性的作用。常用的有明胶、琼脂、卡拉胶等。

需要说明的是，亚硝酸盐是食品添加剂中毒性最大的，它能使血液中正常携氧的低铁血红蛋白被氧化成高铁血红蛋白，因而失去携氧能力，引起组织缺氧。亚硝酸盐是剧毒物质，成人摄入0.2～0.5g即可引起中毒，3g即可致死。亚硝酸盐还是一种致癌物质。鉴于亚硝酸盐的这种毒性作用，国家对食品中亚硝酸盐残留制定了严格的限量标准。

科学学堂

亚硝酸盐首先具有防腐性能，可与肉品中的肌红素结合，所以常被添加在香肠等中作为保色剂，以维持良好外观；其次，它可以防止肉毒梭状芽孢杆菌的产生，提高食用肉制品的安全性。但是，过量亚硝酸盐会影响人体红细胞的运作，令血液不能运送氧气，口唇、指尖会变成蓝色，即俗称的“蓝血病”，严重时会使脑部缺氧，甚至造成死亡。亚硝酸盐本身并不致癌，但在烹调或其他条件下，肉品内的亚硝酸盐可与氨基酸发生降解反应，生成有强致癌性的亚硝胺。如果食用硝酸盐或亚硝酸盐含量较高的腌制肉制品、泡菜及变质的蔬菜，可引起中毒，造成呼吸衰竭而死亡。

2. 红肠

红肠，也称里道斯，是一种原产于立陶宛，用猪肉和淀粉等材料加工制作的香肠，因颜色火红得名。其味道醇厚、鲜美。

在生产工艺上，主要添加了亚硝酸盐以保持肉的鲜红颜色；还加入了防腐剂来延长食品的货架期；另外还有一些食品用香料，以补充和改善食品的香味。

3. 香肠

香肠是利用非常古老的食物生产和肉食保存技术生产的一种食物，将动物的肉绞碎成条状，再灌入肠衣制成的管状食品。中国的香肠有着悠久的历史，香肠的类型也有很多，主要分为川味香肠和广味香肠。

在香肠中主要加入了防腐剂亚硝酸钠等，延长香肠的保质期；亚硝酸钠还具有着色剂、护色剂的功能，使肉保持鲜红的颜色；抗氧化剂异抗坏血酸钠可以防止高温加工时肉中的血红蛋白氧化褐变，延长货架期；水分保持剂焦磷酸钠可保持肉中的水分。

科学学堂

焦磷酸钠除了有软化水的功能外，还能再溶解钙、镁的不溶性盐类，用于肉类及水产加工，可提高持水性，使肉质鲜嫩，使天然色素稳定，防止脂肪腐败，也可用于发酵粉、乳酪制造等。

4. 午餐肉

午餐肉风味独特、食用方便，深受消费者欢迎，是我国出口的主要肉类罐头之一。午餐肉颜色红润、组织细嫩、富有弹性、味美可口。

午餐肉中主要的食品添加剂有六偏磷酸盐、磷酸及磷酸盐。它们在肉类制品中可保持肉的持水性，增强结合力，保持肉的营养成分及柔嫩性，以及具有酸度调节剂和稳定剂的功能。此外还有：羟丙基淀粉，它具有增稠剂、乳化剂、稳定剂的功能；亚硝酸钠和亚硝酸钾，它们具有护色、防腐的功能，但在使用中应特别注意安全用量，对人体危害极大。

科学学堂

羟丙基淀粉是食品工业中应用最为广泛的一类变性淀粉。引进一定数量的羟丙基至淀粉分子上，会有效改善淀粉糊的性质。一方面，羟丙基会产生空间位阻效应，阻止淀粉链的聚集和结晶；另一方面，羟丙基的亲水性能减弱淀粉颗粒结构的内部氢键强度，使其易于膨胀和糊化，所得淀粉糊透明度高、流动性强、凝沉性弱、稳定性高、冻融稳定性好，特别适用于在冷冻食品及方便食品中作为增稠剂使用。

3.1.6 果蔬制品

1. 水果蔬菜

新鲜的水果蔬菜中富含维生素、糖、矿物质、抗氧化的多酚物质等，在人们的一日三餐中占有很重要的地位。

一般我们会认为，在新鲜的水果蔬菜中是没有添加剂的，可为了保鲜，商家会在一些水果表面喷涂被膜剂，以防止在运输和贮藏过程中水分蒸发及腐烂。水果常用的被膜剂有紫胶、果蜡、松香季戊四醇酯、聚二甲基硅氧烷。商家还会在水果的表皮添加蔗糖脂肪酸酯作为保鲜被膜剂的乳化剂。

2. 果蔬菜干

果蔬菜干已是百姓日常生活中不可或缺的食物，如芒果干、苹果干、香菇、海带、紫菜等。

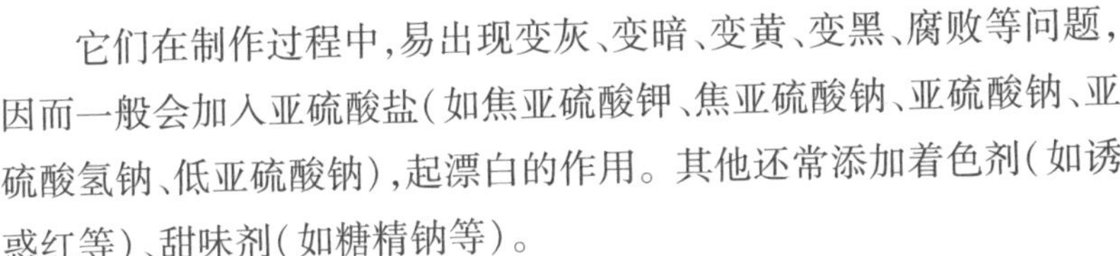

它们在制作过程中，易出现变灰、变暗、变黄、变黑、腐败等问题，因而一般会加入亚硫酸盐（如焦亚硫酸钾、焦亚硫酸钠、亚硫酸钠、亚硫酸氢钠、低亚硫酸钠），起漂白的作用。其他还常添加着色剂（如诱惑红等）、甜味剂（如糖精钠等）。

科学学堂

焦亚硫酸钾是一种化学物质，分子式是 $K_2S_2O_5$。焦亚硫酸钾在空气中缓慢氧化成硫酸钾，在湿空气中氧化更快。与酸接触放出刺激性很强的二氧化硫气体。呈强还原性，加热至 190℃ 时分解，研磨成粉灼热时能燃烧。遇酸分解生成二氧化硫。易溶于水，微溶于乙醇，不溶于乙醚。在干燥的空气中稳定，在潮湿空气中易释放出二氧化硫，水溶液可被空气氧化为硫酸钾。

3. 腌渍菜

腌渍菜常作为我们生活中的佐料小菜，以其独特的清脆、可口、酸、香、辣等口味，深受人们喜爱。

在生产工艺上，常用到的食品添加剂有防腐剂苯甲酸钠、山梨酸钾、脱氢乙酸钠等，色素诱惑红、日落黄、柠檬黄、胭脂红等，甜味剂糖精钠、甜蜜素等。

科学学堂

山梨酸和山梨酸钾的毒性要比苯甲酸小，防腐效果比苯甲酸钠好，更加安全。苯甲酸和苯甲酸钠有在空气中比较稳定的优势，且成本较低；但在密封状态下，山梨酸和山梨酸钾也很稳定。山梨酸钾的热稳定性比较好，分解温度高达270℃。

4. 果酱

以下是一些果酱中的常用食品添加剂，其作用是增味、增色和防腐。

(1)苹果酱:柠檬酸、果胶、柠檬酸钠等。

(2)草莓酱:乙酰化二淀粉磷酸酯、羧甲基纤维素钠、柠檬酸、D-异抗坏血酸钠、山梨酸钾、甜蜜素、安赛蜜、草莓香精、胭脂红等。

(3)番茄酱:食品用香料等。

科学学堂

果酱是指以水果为主要原料，经破碎或打浆、添加糖或其他甜味料、浓缩、装罐、杀菌等工序制成的酱类产品。根据《果酱》(GB/T 22474—2008)，果酱中可以使用的食品添加剂种类很多。

5. 果脯、蜜饯

果脯、蜜饯是我国传统的休闲食品，含有丰富的果糖、果酸、维生素、矿物质和纤维素，是大众喜爱的食品。

果脯、蜜饯的生产工艺上用到的食品添加剂有酸度调节剂柠檬酸，甜味剂甜蜜素、糖精钠、阿斯巴甜(含苯丙氨酸)，防腐剂苯甲酸钠、山梨酸钾，色素柠檬黄、日落黄，以及食品用香料等。添加柠檬酸的作用是调节果脯、蜜饯的口味口感，与果脯、蜜饯中的糖相互配合形成鲜爽的口味，这些酸味呈味物质也是水果本身所含有的物质，因此它们在安全性符合标准的前提下使用是没有问题的。

科学学堂

酸度调节剂也称为pH调节剂,是用以维持或改变食品酸碱度的物质。发面酸了,加的碱面就是酸度调节剂。它主要用以控制食品所需的酸化剂、碱化剂以及具有缓冲作用的盐类。每种酸度调节剂的酸味轻度和酸感特征不同。《食品安全国家标准 食品添加剂使用标准》(GB 2760—2014)规定了每种酸度调节剂的使用范围和最大使用量。

科学学堂

甜味剂是对能够赋予食品甜味的物质的总称。一般来说,甜味剂可分为营养型甜味剂和非营养型甜味剂。前者与蔗糖甜度相同时,产生的热量高于蔗糖产生热量的2%,它主要包括各种糖类和糖醇类,如葡萄糖、果糖、异构糖、麦芽糖醇等;后者与蔗糖甜度相同时,产生的热量低于蔗糖产生热量的2%,它包括甘草、甜叶菊、罗汉果等天然甜味剂和糖精钠、甜蜜素、安赛蜜、甜味素等人工合成甜味剂。人工合成甜味剂由于产生的热量少,对肥胖、高血压、糖尿病、龋齿等患者较友好,加之又具有高效、经济等优点,因此在食品,特别是软饮料工业中被广泛应用。

3.1.7 水产品

水产品是海洋和淡水渔业生产的水产动植物产品及其加工产品

的总称。水产品捕捞后，如不立即采取有效保鲜措施，很容易腐败变质，所以经常采用腌制保存的方法来贮存。在实际生产中，预先将食盐擦于鱼体，将鱼体装入容器后再注入饱和食盐水，鱼体表面的食盐随鱼体内水分的析出不断溶解，使盐水不被冲淡，既克服了湿腌法的缺点，又使盐渍过程迅速开始，避免了干腌法的缺点。

水产品在腌渍加工过程中，可添加以下食品添加剂。

(1)水分保持剂：磷酸、焦磷酸二氢二钠、焦磷酸钠、磷酸二氢钙、磷酸二氢钾、聚偏磷酸钾、酸式焦磷酸钙等。

(2)防腐剂：苯甲酸及其钾盐、山梨酸及其钾盐。

(3)酸度调节剂：磷酸、焦磷酸二氢二钠、焦磷酸钠、磷酸二氢钙、磷酸二氢钾等。

(4)着色剂：β-胡萝卜素。

(5)抗氧化剂：茶黄素、甘草抗氧化物。

(6)膨松剂：硫酸铝钾(钾明矾)、硫酸铝铵(铵明矾)。

科学学堂

β-胡萝卜素是胡萝卜素中的最普通的一种异构体，以异戊二烯残基为单元组成共轭双键，属多烯色素。它呈深红紫色至暗红色、有光泽的斜方六面体或板状微结晶的晶体或结晶性粉末；有轻微异臭和异味；不溶于水、丙二醇、甘油、酸和碱，溶于二硫化碳、苯、三氯甲烷，微溶于乙醚、石油醚、环己烷及植物油，几乎不溶于甲醇和乙醇。稀溶液呈橙黄色或黄色，浓度增大时呈橙色至橙红色；对光、热、氧不稳定；不耐酸，但对弱碱比较稳定；不受抗坏血酸等还原剂的影响；重金属离子，尤其是 Fe^{3+} 可促使其褪色；对油脂性食品的着色性能良好。ADI 为 0～5mg/kg，LD_{50} >8g/kg(油溶液、狗、经口)。它属于可以食用的合成橙黄色色素，具有维生素的活性，安全性比其他合成着色剂高。

食盐是指来源不同的海盐、井盐、矿盐、湖盐、土盐等。它们的主要成分是氯化钠,而氯化钠就是一种非常常见的食品添加剂。食盐中含有钡盐、氯化物、镁、铅、砷、锌、硫酸盐等杂质。国标规定钡含量不得超过20mg/kg。食盐中镁、钙含量过高,可使盐带苦味;氟含量过高,也可引起中毒。近年来许多试验证实,食盐摄入量与高血压发病率有一定的关系,食盐摄入过多,可引起高血压。WHO 建议每人每日摄入6g 以下食盐,可预防冠心病和高血压。我国规定,成人每日摄入6g 食盐即可满足机体对钠的需要。

3.1.8 蛋制品

1. 卤蛋

卤蛋又名卤水蛋,是用各种调味品或肉汁加工成的熟制蛋。卤蛋在卤制过程中一般会加入一些增味剂(呈味核苷酸二钠)和食品用香料。

科学学堂

呈味核苷酸二钠是提供鲜味的一种物质。鲜味来源主要有两种:呈味氨基酸和呈味核苷酸。呈味氨基酸最著名的就是谷氨酸,味精的主要成分谷氨酸钠是其钠盐,性质更稳定。而呈味核苷酸二钠就是呈味核苷酸的应用,也是以更稳定的钠盐形式使用。

2. 皮蛋

皮蛋又称松花蛋、变蛋等,是中国特有的一种食品,风味特殊,能促进食欲。皮蛋制作过程中添加的食品添加剂有硫酸铜、硫酸锌、碳酸钠、氢氧化钠、氧化铅、氯化铜等,然而这些物质都有一定的毒性,摄入过量会对身体造成伤害。因此,皮蛋要少吃,以免对身体造成危害。

3.1.9 饮品

1.瓶装水

有些瓶装水中也有食品添加剂，这可能是很多人没有想到的事。一般的纯净水中是不含食品添加剂的，而矿物质水中会加入适量的钾、镁等来补充人体中矿物质的流失。水中加入的这些矿物质主要有氯化钾、硫酸镁，且添加量都是在国家标准之内的，这些矿物质作为营养强化剂，而非食品添加剂，微量添加对人体是有好处的。因此，大家可以放心饮用。

2.含乳饮料

含乳饮料是指以鲜乳或乳制品为原料，未经发酵或经发酵加工制成的制品。含乳饮料分为配制型含乳饮料和发酵型含乳饮料。配制型含乳饮料是以鲜乳或乳制品为原料，加入水、白砂糖、甜味剂、酸度调节剂、果汁、茶、咖啡、植物提取液等的一种或几种调制而成的饮料。以营养快线为例，其配料表成分有：水、全脂乳粉、白砂糖、浓缩苹果汁、食用增稠剂、稳定剂、食用香精、乙基麦芽酚、阿斯巴甜、安赛蜜、乳酸链球菌素、牛磺酸、维生素 E、烟酰胺、维生素 B_6、维生素 A、维生素 D、维生素 B_{12}。可以看出，此类一般含乳饮料中含有乳化剂、增稠剂、酸度调节剂、着色剂、甜味剂、抗氧化剂、水分保持剂、食品用香料等食品添加剂，因此，若长期大量饮用，会使每日摄入的食品添加剂过多，给人体代谢带来不利影响。

3.植物蛋白饮料

植物蛋白饮料是以植物果仁、果肉及大豆（如大豆、花生、杏仁、核桃仁、椰子等）为原料，经加工、调配后，再经高压杀菌或无菌包装制得的乳状饮料。在生产工艺上，所用食品添加剂与含乳饮料基本相同，一般添加以下六类食品添加剂：增稠剂（卡拉胶、微晶纤维素、羧甲基纤维素钠、酪蛋白纤维素钠）、乳化剂（单硬脂肪酸甘油酯）、防腐剂（D-异抗坏血酸钠）、甜味剂（三氯蔗糖）、水分保持剂（三聚磷

酸钠)、酸度调节剂(柠檬酸钠、碳酸氢钠)。

4. 果汁饮料

果汁饮料听起来似乎比碳酸饮料健康多了,但为了保证果汁饮料特有的甜度、酸度、口感以及营养成分,除鲜榨果汁外,市面上的包装类果汁饮料中都会加入甜味剂、酸度调节剂、稳定剂和抗氧化剂等。

随着科技进步,现在很多果汁饮料中不添加防腐剂,但也有一部分商家为了延长食品的货架期和改善食品的感官特性,也要用到防腐剂。引起果汁饮料腐败变质的微生物主要是细菌类。在巴氏加热杀菌的同时使用防腐剂,既可以降低杀菌温度,又可以保持抑菌效果。防腐剂还能使果汁保持良好口感。

果汁色泽直接影响着消费者对果汁饮料的可接受性及对其品质的评价。在果汁饮料的加工和贮存过程中,天然色素会发生转化分解而影响果汁的色泽,因此要加着色剂,如广泛用于果汁饮料的β-胡萝卜素着色剂。

果汁饮料中常用的食品添加剂有防腐剂(苯甲酸、苯甲酸钠、山梨酸、山梨酸钾)、酸度调节剂(磷酸、柠檬酸、富马酸等)、甜味剂(如甜蜜素、糖精钠等)、抗氧化剂(维生素C、维生素E、乙二胺四乙酸二钠等)、增稠剂和稳定剂(海藻酸钠、琼脂等)。注意:一般果汁饮料中含有多种食品添加剂，是使用食品添加剂较多的食品。若过量饮用果汁饮料，可能会造成食品添加剂的过量摄入，因而儿童和青少年不应用饮料来代替水来解渴。

5. 茶饮料

茶饮料具有茶叶的独特风味，含有天然茶多酚、咖啡碱等茶叶有效成分，兼有营养、保健功效，是清凉解渴的多功能饮料。目前市售茶饮料可分为：以茶叶为原料的饮料，如红茶、绿茶、乌龙茶、茉莉花茶等一类饮料；以茶叶为配料的饮料，如柠檬红茶、冰红茶等一类饮料；从茶叶中提取一类活性成分（茶多酚等），再添加其他成分制成的饮料。

（1）甜味剂：常用的有甜蜜素、A-K 糖、阿斯巴甜等。当蔗糖、A-K 糖、阿斯巴甜的配比为 3∶1∶1 时，甜味最好。

（2）酸度调节剂：常用的有柠檬酸、苹果酸及其他有机酸。当柠檬酸和苹果酸的配比为 4∶1 时，效果最好。

（3）抗氧化剂：常用的有维生素 C、D-异抗坏血酸钠。主要是用于防止多酚化合物的氧化。

（4）着色剂：常用的有焦糖色。

（5）食品用香料：例如，乌龙茶饮料、茉莉花茶饮料的茶香主要来自乌龙茶香精和茉莉花香精。

(6)增味剂:掩盖食品不好的气味,改善香气,如5′-肌苷酸二钠是氨基酸类增味剂。

6. 咖啡

咖啡大致可分为焙炒咖啡和速溶咖啡。其中常用的食品添加剂有以下几种。

(1)乳化剂:能够显著降低咖啡的浑浊度和淀粉固形物的出泡率,主要包括单(双、三)甘油脂肪酸酯。

(2)稳定剂:使咖啡结构稳定或结构组织不变,主要包括磷酸氢二钾、六偏磷酸钠。两者可单独使用,也可复合使用。

(3)抗结剂:速溶咖啡中含有该类食品添加剂,以防止结块,易于冲泡,包括二氧化硅。

7. 碳酸饮料

碳酸饮料(俗称"汽水")是在一定条件下充入二氧化碳气体的产品。你知道其中含有哪些食品添加剂吗?

(1)甜味剂:包括甜菊苷、蛋白糖、甜蜜素、糖精钠、阿斯巴甜、A-K糖等。

(2)酸度调节剂:主要有柠檬酸、苹果酸、磷酸、酒石酸等。除调味外,还能起防腐作用,增强苯甲酸、山梨酸等防腐剂的抗菌效果。

(3)着色剂:碳酸饮料中的色素以橙、红、黄、紫色调为主。目前，允许使用的人工合成色素有胭脂红、苋菜红、柠檬黄、日落黄、靛蓝、亮蓝等,不得超量使用,不允许添加非食用的人工合成色素。例如，柠檬黄在碳酸饮料中的最大使用量为0.1g/kg。

(4)食品用香料:其果味是由化学单体香料合成的水果香精产生的,包括橘子香精、苹果香精、荔枝香精、葡萄香精等。它可以满足口感的要求,但对身体健康无益。

3.1.10 酒

酒是世界性的饮料,品种多种多样,包括白酒、红酒、啤酒、果酒等。

1. 白酒

按风味特点不同，白酒可分为清香型、浓香型、酱香型和米香型。其中包括的甲酸乙酯、乙酸乙酯、醋酸、丁酸、异丁醇、乙醛、甘油等30余种物质属于本身发酵产生的风味物质，而非食品添加剂。

2. 啤酒

啤酒是人类最古老的酒精饮料之一，是世界上消耗量排名第三的饮料。啤酒是以麦芽、酒花、水为主要原料，经酵母发酵作用酿制而成的饱含二氧化碳的低酒精度酒，被称为“液体面包”。现在国际上的啤酒大部分添加葡萄糖浆、啤酒用糖浆等，它们属于食品配料，而非食品添加剂。有的国家规定食品配料的用量总计不超过麦芽用量的50％。在德国，除出口啤酒外，德国国内销售的啤酒一概不使用食品配料。在生产工艺上，它常用的食品添加剂有以下几种。

（1）食品工业用加工助剂：包括澄清剂，用于去除酒中的蛋白质、各种胶体物质和不溶性的杂质，如硅藻土、聚乙烯吡咯烷酮、硅胶、单宁等。澄清剂是在啤酒生产过程中加入的食品工业用加工助剂，在产品中残留量很少，本身基本没有毒性，安全性极高。

（2）酶制剂：起原料的糖化、风味的形成、酒的转化的作用，包括α-淀粉酶、β-淀粉酶、β-葡聚酶、α-乙酰乳酸脱羧酶、α-葡聚糖酶等。酒中的酶是在加工过程中使用的，最终产品中大都被灭活，目前为止还没有啤酒中使用酶制剂产生危害的报道,因此可认为它对人是安全的。

(3)增稠剂:使啤酒口感更醇厚、品质更均一稳定,例如甲壳素,是天然无毒无害的大分子物质。

(4)漂白剂:起一定的漂白作用,包括亚硫酸氢钠,其产生的 SO_2 还具有抑菌作用,还有二氧化硫、焦亚硫酸钾/钠、亚硫酸钠、低亚硫酸钠等。

(5)抗氧化剂:使啤酒不被氧化,包括维生素 C,还能补充一定的维生素。

(6)护色剂:保持啤酒原有色泽,包括异抗坏血酸及其钠盐。

3. 黄酒

黄酒是世界上最古老的酒类之一,源于中国,与啤酒、葡萄酒并称世界三大古酒。黄酒以大米、黍米、粟为原料,酒精含量一般为14% ~20%,属于低酒精度酿造酒。黄酒含有丰富的营养,故被誉为"液体蛋糕"。黄酒中使用的食品添加剂主要是焦糖色。它是一种天然着色剂,是用饴糖、蔗糖等熬成的黏稠液体或粉末,深褐色,有苦味,它可以增加黄酒的色彩与香味,掩盖黄酒本身可能有的酸味或异味,使它口味醇和、协调。

4. 果酒

(1)食品用香料:根据果酒类型调配香型。例如,橘子香精可用于调配橘子果酒,柠檬香精调配柠檬果酒。

(2)着色剂:达到果酒所需的色彩。如橘子果酒加黄色色素,杨梅甜酒加粉红色色素。

(3)甜味剂:多使用白砂糖、蜜糖,也有自制的饴糖,但甜味剂成本低,风味不如蜜糖纯净、醇厚。

(4)酸度调节剂:调节果酒糖酸比,改善风味。一般用柠檬酸或酒石酸,不仅使果酒风味爽口,还能起一定的防腐作用。

5. 葡萄酒

葡萄酒是用新鲜的葡萄或葡萄汁经发酵酿成的酒精饮料。它通常分红葡萄酒、白葡萄酒、气泡酒三种。在酿造过程中会加入一些食品添加剂，通常把添加剂称作“加工助剂”，包括酵母、菌类、单宁酶以及澄清剂。这些添加剂对身体是无害的。另外，葡萄酒中还添加防腐剂山梨酸，延长保质期，保证了葡萄酒的品质；漂白剂二氧化硫或食品工业用加工助剂二氧化碳，可以阻止乳酸发酵，保持酸度平衡；柠檬酸、维生素 C 等。

3.2 特殊人群常见食品

3.2.1 婴幼儿食品

婴幼儿食品是专为婴幼儿研发生产的，能够为婴幼儿提供生长发育所需的营养物质。从功能和品类的角度来划分，它可以分为婴幼儿配方奶粉、辅食、零食、营养品等。其中，婴幼儿配方奶粉是最主要的婴幼儿食品，能够为婴幼儿，尤其是低幼龄婴幼儿提供接近母乳的、丰富的营养物质，在婴幼儿食品市场中的份额占到约 90 % 。辅食、零食和营养品是为大月龄婴幼儿提供辅助营养和向成人食物过渡的食品，在婴幼儿食物中的占比相对较小，但也是婴幼儿成长发育过程中不可或缺的食品。家长十分关注婴幼儿饮食，对于如何让宝宝健康成长倾注了很多心血，食品添加剂的安全性也是家长选择婴幼儿食品时的主要依据之一。食品添加剂的安全性归根结底要看用了多大量和吃了多少，与使用的品种数量没有必然联系。只要符合标准要求，食品添加剂的安全性是有保障的。同时，食品生产企业应该严格遵守国家规定的食品添加剂使用范围和使用量，对于没有加香必要的食品，不得添加食品用香料。因此，家长真正应该担心的是：孩子从小就养成了以颜色、味道、造型和包装等选择食品的不良习惯。从专业角度看，食品添加剂是躲不开的，应该更加关注重金属、激素、抗生素、氯酸盐、高氯酸盐、多氯联苯等风险因子的危害。

1. 婴幼儿配方奶粉

要想让宝宝健康成长，主食的摄入必不可少哦！那么，婴幼儿的主食中有哪些添加剂呢？下面让我们一起来看看吧！

婴幼儿配方奶粉中的食品添加剂有磷脂、柠檬酸等。部分较大婴儿奶粉中还添加了食品用香料，如香兰素、乙基香兰素、香荚兰豆浸膏等。但是，这些可不是不必添加的，缺少了这些必要添加剂，就有可能导致宝宝不能很好地摄取日常所需的营养，从而影响宝宝的生长发育。

【磷脂】

磷脂是一种抗氧化剂和乳化剂，能够防止或延缓食品氧化，提高稳定性和延长贮存期，能使两种或两种以上互不相溶的组分的混合液体形成稳定的乳状液。在《食品安全国家标准 食品添加剂使用标准》(GB 2760—2014)中规定，在婴幼儿配方食品和婴幼儿辅助食品中可以按照生产需要适量添加磷脂。

婴幼儿配方奶粉中的磷脂主要是为了保护奶粉在喷雾干燥时不受破坏，是体细胞合成时不可缺少的原料，有时也是DHA(二十二碳六烯酸)的合成原料，尤其是宝宝在发育初期更需要这种物质。在脑部发育的关键营养中，DHA已众所周知，而它的搭档乳脂球膜(俗称

MFGM乳磷脂)是宝宝大脑神经纤维的重要成分。MFGM乳磷脂和DHA两者强强联合,不仅帮助建立完善的大脑网络,更有助于神经信号快速传导,帮宝宝思维敏捷。

科学学堂

磷脂(Phospholipid)也称磷脂类、磷脂质,是指含有磷酸的脂类,属于复合脂。磷脂是组成生物膜的主要成分,分为甘油磷脂与鞘磷脂两大类,分别由甘油和鞘氨醇构成。磷脂为两性分子,一端为亲水的含氮或磷的头,另一端为疏水(亲油)的长烃基链。因此,磷脂分子亲水端相互靠近,疏水端相互靠近,常与蛋白质、糖脂、胆固醇等其他分子共同构成磷脂双分子层,即细胞膜的结构。在食品工业中,磷脂常被用作乳化剂,让油类能溶于水。常见的有卵磷脂,一般以食用油为原料制造,用作面包、固体巧克力食品等的食品添加剂。其作抗氧化剂,可用于糕点、糖果和氢化植物油,按生产需要适量使用;还可作为乳化剂等,用于食品起酥。

【柠檬酸】

在《食品安全国家标准 食品添加剂使用标准》(GB 2760—2014)中规定，柠檬酸在婴幼儿配方食品和婴幼儿辅助食品中的最大使用量为1.0g/kg。

柠檬酸是酸度调节剂的一种，可以有效调节食品的酸碱度。此外，柠檬酸的钠盐柠檬酸钠无毒性、具有 pH 调节性能及良好的稳定性，因此可用于食品工业。柠檬酸钠用作食品添加剂，需求量很大，主要起调味、缓冲、乳化、膨胀、稳定和防腐作用等。在《食品安全国家标准 食品添加剂使用标准》(GB 2760—2014)中规定，柠檬酸及其钠盐、钾盐可以在婴幼儿配方食品和婴幼儿辅助食品中按照生产需要适量添加。

科学学堂

柠檬酸(Citric Acid)，又称枸橼酸，分子式 $C_6H_8O_7$，相对分子质量 192.12，广泛分布于植物如柠檬、醋栗、覆盆子和葡萄汁等中。在《食品安全国家标准 食品添加剂使用标准》(GB 2760—2014)中规定：在婴幼儿食品中可按生产需要添加柠檬酸及其钠盐、钾盐，一般在食品主原料投料阶段添加。

【食品用香料】

婴幼儿配方食品及婴幼儿辅助食品中均规定不得添加人工合成色素和食品用香料(除香兰素、乙基香兰素和香荚兰豆浸膏外)。这些规定与国际标准是一致的,如美国、欧盟等国家和地区也对此明令禁止。香兰素作为一种重要的食品用香料,被广泛应用于较大婴儿的奶粉中。很多家长以为这些食品用香料会影响宝宝的生长发育。其实不然,香兰素本身并没有危害,已有大量的实验检验来认证它的安全性。

在《食品安全国家标准 食品添加剂使用标准》(GB 2760—2014)中规定,较大婴儿和幼儿配方食品中可以使用香兰素、乙基香兰素和香荚兰豆浸膏(提取物),最大使用量分别为5mg/100mL、5mg/100mL和按照生产需要适量使用;而美国、加拿大等国家规定,其在0~6个月婴儿奶粉也是可以添加的。由于香兰素的确很香,我国担心0~6个月婴儿食用后容易对某一品牌产生依赖性,因此设此限制。

科学学堂

香兰素,又名香草醛、3-甲氧基-4-羟基苯甲醛,是从芸香科植物香荚兰豆中提取的一种有机化合物,为白色至微黄色结晶或结晶状粉末,微甜,溶于热水、甘油和酒精,在冷水及植物油中不易溶解。香气稳定,在较高温度下不易挥发。在空气中易氧化,遇碱性物质易变色。香兰素具有香荚兰的豆香气及浓郁的奶香,起增香和定香作用,广泛用于化妆品、烟草、糕点、糖果以及烘焙食品等,是全球产量最大的食品用香料品种之一,工业化生产香兰素已有100多年的历史。香兰素在最终加香食品中的建议用量为0.2~20000mg/kg。根据我国卫生行政部门的规定,香兰素可用于较大婴儿、幼儿配方食品和婴幼儿谷类食品(婴幼儿配方谷粉除外)中,最大使用量分别为5mg/mL和7mg/100g。香兰素也可用作植物生长促进剂、杀菌剂、润滑油消泡剂等，还是合成药物和其他香料的重要中间体。除此之外，它还可在电镀工业中用作上光剂，农业中用作催熟剂，橡胶制品中用作除臭剂，塑料制品中用作抗硬化剂和作为医药中间体等，应用十分广泛。

在婴儿阶段，母乳当然是宝宝最理想的食品，但随着宝宝一天天长大，大约从6个月开始，光吃母乳或者配方奶粉已经无法满足宝宝的营养需求。所以，在这段时间，除了母乳或配方奶粉之外，还需要给婴幼儿添加乳制品外的其他食物，这些添加的食物就称为婴幼儿辅助食品（简称辅食）。常见的婴幼儿辅食有蛋黄、米粥、米粉、果泥/菜泥、肉松/肉酥、果汁、磨牙棒/饼干、面条等。那么，婴幼儿辅食中有哪些食品添加剂呢？

2. 米粉

婴幼儿米粉是根据婴幼儿生长发育不同阶段的营养需要，以优质大米为主原料，另加乳粉、蛋黄粉、大豆粉、植物油、蔗糖等，以及铁、锌、钙、碘等微量元素和各类维生素等多种营养素，经过粉碎、研磨、高温杀菌等十几道工序，科学精制而成的婴幼儿生长辅助食品。

值得一提的是，在米粉配料中，大米是食品原料，果蔬粉是为了增加米粉口感，还有很多不认识的物质，诸如盐酸硫胺素、醋酸维生素A、焦磷酸铁、核黄素等，很多爸爸妈妈看了会吓了一跳。其实这些物质都是营养强化剂，不用担心其安全性，均符合《食品安全国家标准 食品营养强化剂使用标准》(GB 14880—2012)。

那米粉中可能存在哪些食品添加剂呢？有些企业会采用酶解和滚筒干燥工艺，故而会涉及酶制剂。

【酶制剂】

应用于婴幼儿营养米粉中的酶制剂主要是淀粉酶，它使淀粉水解为糊精，糊化后通过滚筒干燥成米粉，可以有效地解决传统米粉生产供应中存在的易老化回生的缺陷，也能够明显改善婴幼儿营养米粉的口感，有利于婴幼儿消化吸收。

科学学堂

随着科技的发展，酶制剂已不单单只应用于纺织业、化工业和动物饲料行业。现如今，食品加工用酶被广泛应用，已经占到酶制剂市场份额的1/3。而它在食品中主要应用于烘焙，涉及的酶种类丰富。

烘焙中常用的酶有：①α-淀粉酶。它可使面团在醒发时连续不断地生成糊精和麦芽糖，继而转化为葡萄糖，作为发酵时酵母的来源。另外，由于α-淀粉酶使淀粉分子变小，更有利于β-淀粉酶发生作用。一般来说，α-淀粉酶的最佳添加量为0.05g/kg。真菌α-淀粉酶会使面包的货架期延长两倍。②蛋白酶。添加适量蛋白酶，可以使部分蛋白质水解成氨基酸，不仅可以促进酵母生长和CO_2产生，而且可以促进面团软化，增强面团的延展性，缩短面团发酵时间，改善焙烤质量，防止面包老化，延长保鲜期。但是使用过量会降低面团通气能力。③葡萄糖氧化酶。它能显著改善面粉拉伸特性和糊化特性，进而增强面筋强度，增大抗拉伸阻力以及提高最大黏度。④脂肪氧化酶。它能使面粉中存在的不饱和脂肪酸氧化分解，生成具有芳香风味的羰基化合物而增加面包风味，并可氧化面粉中天然存在的类胡萝卜素而使面粉增白。⑤半纤维素酶。它可将造成焙烤食品体积减小的不溶性戊聚糖分解为有助于焙烤食品体积增加的可溶性戊聚糖，改善面团的机械性能和入炉急胀性能，因而可获得具有较大体积、较强柔软性以及较长货架期的焙烤食品。

在面粉中添加过量酶制剂虽对人体健康不构成危害，但会使面团发枯或变硬，甚至使面团崩溃，严重影响食品品质。

3. 儿童营养肉松

儿童营养肉松富含蛋白质以及铁、锌、钙等营养元素，可补充儿童生长发育需要的营养。特别是因为肉类本身的特点，肉松中的铁含量比较高，可以帮助儿童适量补铁，预防缺铁性贫血。

儿童营养肉松配方中可能有单(双)甘油脂肪酸酯、磷脂等乳化剂，部分产品中还会加入脱氢乙酸钠、山梨酸钾等食品防腐剂。

此外，为保证其口感，商家往往会加入食品用香料，并且会在加工过程中加入少量酱油，酱油中含有增味剂、甜味剂、增稠剂以及防腐剂。但是这些按规定添加的食品添加剂对人体是无害的。

4. 糖果

小朋友总对五颜六色的糖果毫无抵抗力，殊不知相当一部分糖果是通过添加着色剂来呈现各种各样的色彩和花纹的。色、香、味是糖果最重要的感官指标，是消费者选择食品的重要依据。为了得到色、香、味俱佳的食品，往往需要使用着色剂、食品用香料、酸度调节剂等进行调配。

胶基糖果(又称软糖)是以砂糖、淀粉糖浆为主要原料,以琼脂、变性淀粉、明胶、果胶作为凝固剂,经熬制、成型等工艺制成,含水量较高、质地柔软的糖果。这一类软糖有弹性,颜色鲜艳丰富,味道佳,深受大众喜爱。但在其生产制作过程中,往往加入了许多食品添加剂,如凝固剂(琼脂、明胶、果胶、魔芋胶和淀粉)、着色剂(柠檬黄、日落黄、胭脂红、诱惑红、焦糖色、亮蓝等)、酸度调节剂(柠檬酸、苹果酸等)、防腐剂(山梨酸钾)、食品用香料等,因此,这类糖建议不要多吃。

(1)着色剂:食品着色剂又称食用色素,按其来源可以分为两大类:天然色素和人工合成色素。

在糖果中应用的天然色素主要有β-胡萝卜素、甜菜红、姜黄、红花黄、焦糖色、红曲红、栀子蓝、叶绿素铜钠等。

科学学堂

绝大多数植物色素无副作用,安全性高。植物色素大多为花青素类、类胡萝卜素类、黄酮类化合物,是一类生物活性物质,是植物药和保健食品中的功能性有效成分。但是大部分植物色素对光、热、氧、微生物、金属离子及pH变化敏感,稳定性较差;染着力较差,染着不易均匀,不如合成色素鲜丽、明亮。植物色素种类繁多,性质复杂,就一种植物色素而言,应用时专用性较强,应用范围有一定的局限性。

目前,我国允许使用的人工合成色素有苋菜红、胭脂红、赤藓红、新红、柠檬黄、日落黄、亮蓝、靛蓝等。

糖果生产中所需的各种颜色均可用红、黄、蓝三种基本颜色按不同的比例调配出来。几种色素混合使用时,其用量不得超过单一色素的使用量。虽然色素属于国家允许的食品添加剂,但食用过量还是会对身体造成不利影响。

科学学堂

胭脂红即食用红色1号，为红色或暗红色的颗粒或粉末；溶于水和甘油，难溶于乙醇，不溶于油脂；对光和酸稳定，但抗热性、还原性弱，遇碱变褐色，易被细菌分解。

苋菜红是胭脂红的异构体，即食用红色2号，又称蓝光酸性红。苋菜红为红色粉末，水溶液为红紫色；溶于甘油和丙醇，稍溶于乙醇，不溶于油脂；易被细菌分解，对光、热、盐类均较稳定，对柠檬酸、酒石酸也比较稳定，在碱性溶液中呈暗红色，对氧化还原剂敏感，不能用于发酵食品的着色。

柠檬黄又称肼黄或酒石黄，为橙色或橙黄色的颗粒或粉末；溶于水、甘油、丙二醇，稍溶于乙醇，不溶于油脂，对热、酸、光和盐都稳定；遇碱变红，氧化性差，还原时呈褐色。

靛蓝又称酸性靛蓝或磺化靛蓝，为暗红色至暗紫色的颗粒或粉末；不溶于水，溶于甘油、丙二醇，稍溶于乙醇，不溶于乙醚、油脂；对光、热、酸、碱和氧化剂都很敏感，耐热性较弱，易被细菌分解，还原后褪色，着色性好。

(2)乳化剂：糖果中常见的乳化剂有单(双)甘油脂肪酸酯，具有调节黏度、润滑、防黏作用，便于生产操作，减少焦糖生产中对切刀、包装等的黏结作用。

科学学堂

乳化剂是能使两种或两种以上互不相溶的组分的混合液体形成稳定的乳状液的一类物质。其作用原理是在乳化过程中，分散相以微滴(微米级)的形式分散在连续相中，乳化剂降低了混合体系中各组分的界面张力，并在微滴表面形成较坚固的薄膜，或由于乳化剂给出的电荷而在微滴表面形成双电层，阻止微滴彼此聚集，而保持均匀的乳状液。

(3)食品用香料:食品用香料是由芳香物质、溶剂或载体以及某些食品添加剂组成的具有一定香型和浓度的混合体,也称作增香剂或赋香剂。糖果加工中,为了改善其香气和香味,会添加少量食品用香料。

科学学堂

食品用香料是能够赋予食品香味的混合物。消费者完全没有必要担心过量使用食品用香料会带来安全问题。食品用香料在使用时还会“自我设限”,即当超过一定量时,其香味会令人难以接受。

(4)酸度调节剂:酸度调节剂是指能赋予食品酸味的物质,主要应用于水果型糖果。其可以降低与平衡糖果中过多的甜味,获得适宜的糖酸比,还有助于增进糖果的香味,如柠檬酸可强化柑橘的味道,酒石酸可增加葡萄的风味。另外,酸度调节剂具有防腐的作用,可以抑制微生物的生长;产生螯合作用,抑制化学褐变。

科学学堂

天然柠檬酸在自然界中分布很广,存在于植物(如柠檬、柑橘、菠萝等)果实和动物的骨骼、肌肉、血液中。人工合成的柠檬酸是用砂糖、糖蜜、淀粉、葡萄糖等含糖物质发酵而制得的。柠檬酸为食用酸类,适当的剂量对人体无害。某些食品中加入柠檬酸后口感更好,可促进食欲。

5. 奶片

现在市售的奶片有许多种,比如奶酪片、羊奶片、牛奶片、奶球、酸奶干、牛初乳奶贝和奶酥等。

在不少家长看来,奶片是一款比较健康的小零食,然而仔细看看配料表就会发现,除了奶粉、白砂糖之外,植脂性粉末(简称植脂末)、酸度调节剂、甜味剂、食品用香料等成分也赫然在列。植脂末是一种食品配料,主要成分为氢化植物油,其中含有反式脂肪酸,不但不利于宝宝健康,还会影响其智力发育。奶片中的食品添加剂主要是乳酸钙、硬脂酸镁、食用香精等。

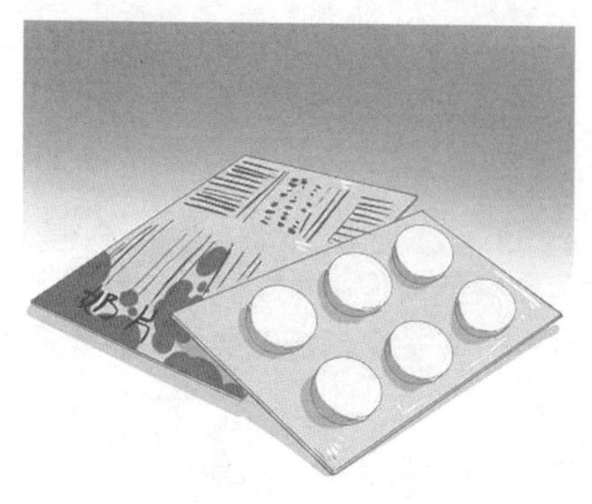

科学学堂 

硬脂酸镁为白色无砂性的细粉,微有臭味,有滑腻触感,不溶于水、乙醇和乙醚,溶于热水、热乙醇,遇酸分解为硬脂酸和相应的镁盐。硬脂酸镁作为乳化剂、抗结剂和被膜剂,广泛用于糖果、蜜饯、糕点、口香糖、部分乳制品等食品的生产加工。

6. 果冻

果冻是一种从西方传入的甜食,呈半固体状,由食用明胶加水、糖、果汁制成,亦称啫喱。它以润滑的口感、多彩的颜色而普遍受到儿童的喜爱。果冻基本上是各种胶类增稠剂、甜味剂、着色剂和食品用香料做成的,如卡拉胶、刺槐豆胶、甜蜜素、安赛蜜、苹果酸、山梨酸钾、维生素C、柠檬酸、柠檬酸钾、柠檬酸钠、红花黄、亮蓝、胭脂红、诱惑红、柠檬黄、二氧化钛、乳酸钙等,因而对于儿童,应尽可能控制食用量。

(1)防腐剂:山梨酸钾一种防腐剂。它可以被人体的代谢系统吸收而迅速分解为二氧化碳和水,在体内无残留。它可以延长果冻的保质期,但要注意防止添加量超标。

(2)酸度调节剂:主要是用来调节食品酸碱度和赋予食品酸味,还能防止食物氧化,如柠檬酸、柠檬酸钾、柠檬酸钠。

(3)凝固剂:卡拉胶作为一种很好的凝固剂,常可取代琼脂、明胶及果胶等。用琼脂做成的果冻弹性不足且价格较高;用明胶做成的果冻缺点是凝固点和熔点低,制备和贮存时都需要低温冷藏;用果胶的缺点是需要加入高溶度的糖和调节至适当的 pH 时才能凝固。而卡拉胶没有这些缺点,用卡拉胶制成的果冻富有弹性且没有离水性,因此,卡拉胶也成为果冻中常用的凝固剂。

科学学堂

卡拉胶,又称角叉菜胶、鹿角藻胶、爱尔兰苔菜胶,是一种白色、浅褐色颗粒或粉末,无臭或微臭,口感黏滑,与水结合黏度增加,与蛋白质反应起乳化作用,使乳化液稳定。

(4)食用色素:果冻的不同颜色常常是由于添加了人工合成色素,如柠檬黄、诱惑红等。

科学学堂

柠檬黄之所以能用作食品着色剂,是因为它安全度比较高,基本无毒,不在体内贮积,绝大部分以原形排出体外,少量可经代谢排出,其代谢产物对人无毒。而它的生产原料对氨基苯磺酸、酒石酸及 2-萘酚-6-磺酸都是基本无毒的物质。因此,FAO 和 WHO 早在 1994 年就给了它一个很宽容的每日允许摄入量(ADI)。若按标准使用柠檬黄,人体每日摄入的量与每日允许摄入量相差很多。

(5)食品用香料:在果冻中添加食品用香料主要是为了丰富果冻的口感,因为果冻中添加的果肉成分有限,如果不使用香料,那么果冻的味道就不会那么明显。

(6)增稠剂:在果冻中添加一些胶类增稠剂,如刺槐豆胶、卡拉胶等,目的是使果冻形成较好的形态。

7. 山楂片

山楂片作为一类酸酸甜甜的小零食，老少皆宜。一般山楂片中含有胭脂红和苯甲酸钠。

(1)胭脂红：人工合成色素。

(2)苯甲酸钠：防腐剂。

科学学堂 

很多人对“胭脂红”感觉很陌生，其实它是一种食品添加剂(人工合成色素)，因为它性质稳定、色泽新鲜、成本低廉、着色力强且使用方便，所以被用于多种食品的加工制作。胭脂红作为食品添加剂已列入《食品安全国家标准 食品添加剂使用标准》(GB 2760—2014)，允许被用于调制炼乳、风味发酵乳、调制乳粉和调制奶油粉、冷冻饮品、果酱、糖果、配制酒等食品类别。

8. 饼干

市场上的饼干品种多样，口味不同。饼干大体可分为以下几种。

(1)苏打饼干

苏打饼干是在一部分小麦粉中加入酵母，制成面团，经较长时间发酵后加入其余小麦粉，再经短时间发酵后整形制作而成。

(2)全麦、消化饼干

全麦、消化饼干是用没有去掉麸皮的麦类磨成的面粉所做的饼干。它比我们一般吃的用去掉了麸皮的精制面粉制成的饼干颜色黑一些，口感也较粗糙，但由于保留了麸皮中的大量维生素、矿物质、纤维素，因此营养价值更高一些。

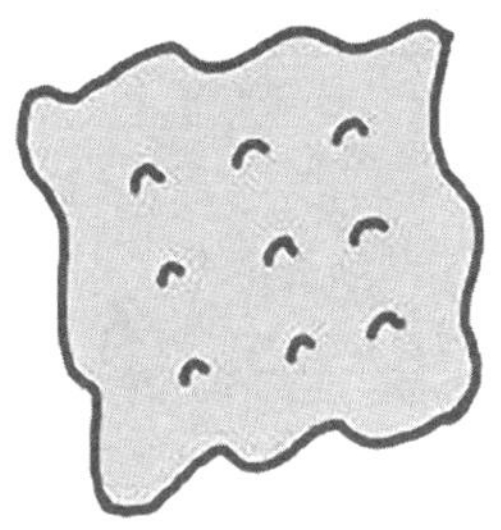

(3)夹心饼干

要制作风味各异的夹心饼干，关键在于添加不同的辅料，如油、糖、牛奶、鸡蛋等其他口味的调味品。

(4)营养强化饼干

市场上还有一些强化了营养素的饼干。最常见的品种是强化了矿物质和维生素，如钙、铁、锌、维生素 A、维生素 D 等；还有的加入麦麸，用于增加膳食纤维。

饼干中的食品添加剂大体分为以下几种。

(1)靛蓝、红曲米、红曲红、花生衣红、可可壳色、辣椒橙、辣椒红、栀子黄等，作为着色剂，用于饼干或饼干夹心。

(2)甘草、甘草酸铵、甜蜜素、异麦芽酮糖、麦芽糖醇、山梨糖醇等，用作甜味剂。

(3)丁基羟基茴香醚(BHA)、二丁基羟基甲苯(BHT)、甘草抗氧化物、没食子酸丙酯(PG)、叔丁基对苯二酚等，作为抗氧化剂，用于防止饼干中的油脂氧化酸败，延长保质期。

(4)山梨醇酐单月桂酸酯、山梨醇酐单棕榈酸酯、硬脂酰乳酸钠、硬脂酰乳酸钙、磷脂、蔗糖脂肪酸酯等，作为乳化剂，使油脂以乳化状态均匀分散，防止油脂渗出，提高饼干的脆性。

(5)碳酸氢钙、焦磷酸二氢二钠等，作为膨松剂、水分保持剂，使

饼干疏松。

(6)焦亚硫酸钠，作为品质改良剂，调节面粉筋度，减弱面粉韧性。

(7)羧甲基纤维素钠等，作为增稠剂，使产品成型性好，饼干光洁、不易破碎、酥化可口。

科学学堂

膳食纤维是一种多糖，既不能被胃肠道消化吸收，也不能产生能量，因此，曾一度被认为是一种“无营养物质”而长期得不到足够的重视。然而，随着营养学和相关学科的深入发展，人们逐渐发现膳食纤维具有相当重要的生理作用，以至于在膳食结构越来越精细的今天，膳食纤维更成为学术界和普通百姓关注的物质，并被营养学界补充认定为第七类营养素，与传统的六类营养素——蛋白质、脂肪、碳水化合物、维生素、矿物质、水并列。

3.2.2 青少年常见食品

1. 杂粮制品

杂粮有麦片、小米、玉米、薯类等。杂粮可以做成杂粮罐头和杂粮粉等食品。例如，八宝粥罐头是以八种或八种以上谷类、豆类、干果等植物性原料为主要原料，经预处理、装罐、密封杀菌而制成的杂粮罐头食品。那么，杂粮罐头和杂粮粉中有什么添加剂呢？

杂粮罐头中的食品添加剂主要有以下几种。

(1)水分保持剂:磷酸、焦磷酸二氢二钠、焦磷酸钠、磷酸二氢钙等。

(2)酸度调节剂:磷酸二氢钾、磷酸氢二铵、磷酸氢二钾、磷酸氢钙等。

(3)稳定剂:六偏磷酸钠、三聚磷酸钠、磷酸二氢钠、磷酸氢二钠、聚偏磷酸钾、酸式焦磷酸钙、焦磷酸四钾等。

(4)防腐剂:乳酸链球菌素等。

(5)膨松剂:碳酸氢钠、碳酸氢铵、碳酸钙、乳酸钠等。

(6)增稠剂:槐豆胶、黄原胶、卡拉胶、羟丙基二淀粉磷酸酯、乳酸钠、乳糖醇、环状糊精等。

(7)乳化剂:卡拉胶、磷脂、柠檬酸脂肪酸甘油酯、乳酸脂肪酸甘油酯等。

杂粮粉及其制品中的食品添加剂主要有以下几种。

(1)增稠剂:醋酸酯淀粉、瓜尔胶、海藻酸钠、槐豆胶、黄原胶、卡拉胶、羟丙基二淀粉磷酸酯、乳酸钠、乳糖醇、环状糊精等。

(2)乳化剂:单(双)甘油脂肪酸酯、果胶、卡拉胶、磷脂、柠檬酸脂肪酸甘油酯、乳酸脂肪酸甘油酯、辛烯基琥珀酸淀粉钠等。

(3)着色剂:柑橘黄等。

(4)抗氧化剂:抗坏血酸钠、抗坏血酸钙、维生素 C、磷脂、D-异抗坏血酸等。

(5)酸度调节剂：柠檬酸、柠檬酸钾/钠、乳酸、碳酸钾/钠、碳酸氢钾、苹果酸等。

(6)增味剂：5′-呈味核苷酸二钠、5′-肌苷酸二钠、5′-鸟苷酸二钠等。

2. 奶茶

奶茶中一般都含有奶精(又名植脂末)，其中含有反式脂肪酸，有害健康。这种说法是有些科学道理的，但是也要考虑剂量的问题。研究显示，一杯奶茶中的反式脂肪酸含量比较低，在100g中几乎只有0.4g，只要不是每天大量饮用，对健康的影响是很小的。

3. 油条

炸油条时必须放矾(指明矾)与碱(指面碱)，而且油条能否炸好的成败就在于原料中矾与碱的配比。明矾是一种水解呈酸性的复盐，而面碱(食用碱)是一种水解呈碱性的含大量结晶水的碳酸盐。当矾与碱放入水中时，它们之间会发生化学变化，产生大量二氧化碳气体和絮状物氢氧化铝，与面合在一起时，氢氧化铝与面产生膜状物，将二氧化碳气体包住。油条放入热油锅中，二氧化碳气体受热膨胀，使油条胀大。这就是炸油条要放矾、碱的原因。明矾中含有铝的成分，长期或大量食用明矾可导致铝中毒，甚至诱发阿尔茨海默病。

因此，油条不要经常作为早点，但为调剂口味，偶尔吃一次对身体无妨。

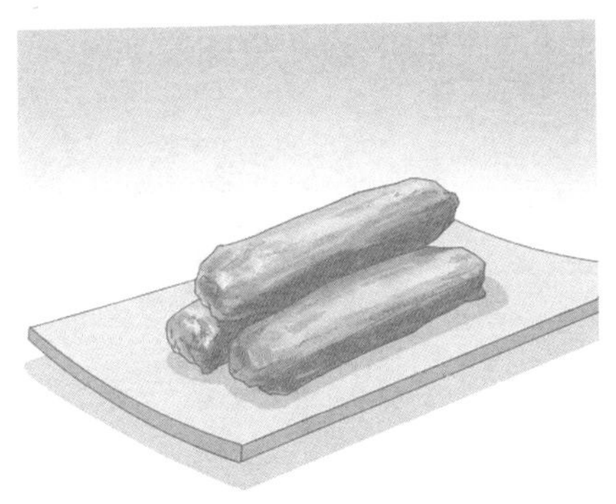

4. 方便面

方便面的主要成分是小麦粉、棕榈油、香辛料、食盐、脱水蔬菜叶和食品添加剂等，但不完全具备蛋白质、脂肪、碳水化合物、矿物质、维生素、水和纤维素等人体所必需的 7 种营养物质。食品添加剂在方便面中起了很重要的作用。

面饼中的食品添加剂有以下几种。

(1)酸碱调节剂：能够增加面条的强度，提高面条的韧性，使面饼有良好的色泽；同时有中和酸性、延长保质期的作用。

(2)增稠剂：具有提高面团含水量、增加面条黏结性、减少油炸面的含油量的作用，包括羧甲基纤维素钠、瓜尔豆胶、变性淀粉等。

(3)乳化剂：能够显著降低面汤的浑浊度和淀粉固形物的出泡率，增加面条的爽滑感和咀嚼性的食品添加剂，包括硬脂酰乳酸钙、硬脂酰乳酸钠等。

(4)抗氧化剂：延长方便面保质期，防止面饼氧化酸败，包括丁基羟基茴香醚、二丁基羟基甲苯、没食子酸丙酯。

调料包中的食品添加剂有以下几种。

(1)防腐剂：延长保质期，包括苯甲酸、山梨酸。

(2)增味剂：增加食品鲜味，起调味作用，一般为谷氨酸钠。

（3）抗结剂：防止料包内的粉末状、颗粒状、膏状物质结块，如六偏磷酸钠、三聚磷酸钠、焦磷酸钠等。

（4）其他：甜味剂、食品用香料、酸度调节剂、着色剂等多种食品添加剂。

5. 蛋黄派

蛋黄派以小麦粉、鸡蛋、糖等为主要原料，添加油脂、乳化剂等辅料，经搅打充气（或不充气）、成型、烘烤、夹入或注入糖与油脂等混合而成的馅料（或软棉花糖、果酱馅料），在其表面涂饰（或不涂饰）巧克力浆及其制品等，再经预包装而制成的各种蛋类芯，是一种夹心蛋糕。其由于浓郁的蛋香味、松软的口感、独立包装便于携带，且保质期比普通糕点明显延长，受到了消费者的青睐。它其中的食品添加剂主要有乳化剂[单（双）甘油脂肪酸酯、丙二醇脂肪酸酯、蔗糖脂肪酸酯]、防腐剂（丙酸钙、脱氢乙酸钠、山梨酸钾等）、保湿剂（甘油、山梨醇等），还有膨松剂（泡打粉等）等。

6. 辣条

辣条又名辣片、麻辣条、辣子条，主要原料为面粉，加入水、盐、糖、天然色素等和面，经过膨化机高温挤压膨化，再加油、辣椒、麻椒等调味品，按《食品安全国家标准 食品添加剂使用标准》（GB

2760—2014)加入防腐剂等食品添加剂制成的面制品。辣条中添加了很多食品添加剂,主要有防腐剂、着色剂、食品用香料、抗氧化剂、甜味剂等。通过添加这些添加剂,延长了辣条的保质期,赋予了其鲜艳的色泽,增强了它的风味,防止或延缓油脂或其他成分的分解,提高食品的稳定性。

7. 膨化食品

膨化食品是20世纪60年代末出现的一种新型食品,又称挤压食品、喷爆食品、轻便食品等。它是以含水分较少的谷类、薯类、豆类等作为主要原料,经过加压、加热处理,使原料本身的体积膨胀,内部的组织结构亦发生了变化,经加工、成型后而制成。由于这类食品的组织结构多孔、膨松,口感香脆、酥甜,具有一定的营养价值,很受孩子们的喜爱。

在膨化食品中主要添加的食品添加剂有膨松剂,如硫酸铝铵、硫酸铝钾、碳酸氢钠等,由于加入了膨松剂,产品变得膨松、柔软和酥脆。除膨松剂以外,还加入了抗氧化剂,常见的有丁基羟基茴香醚、2,6-二叔丁基对甲酚、没食子酸丙酯等,可以防止高温油炸时及产品存放期间油脂氧化。

一些甜味的膨化食品中还会添加糖精钠。糖精钠除了产生甜味以外,对人体没有任何营养价值,用多了还会影响小肠的吸收能力。

膨化食品若添加了大量的人工合成色素，可能会影响孩子的智力发展，刺激大脑神经，令孩子出现躁动、情绪不稳等情况。

膨化食品中还可能存在铝超标的危险。一方面，膨化食品在生产过程中可能会用到铝制的容器，其中的铝元素可能进入食品中；另一方面，使用的膨松剂大多含有碳酸氢钠和硫酸铝铵、硫酸铝钾，这就增加了膨化食品铝超标的风险。铝超标对孩子的骨骼生长和智力发育等会造成不良影响，所以大家应该注意让孩子少吃膨化食品。

科学学堂

食品膨松剂是在以小麦粉为主的焙烤食品中添加，并在加工过程中受热分解而产生气体，使面坯起发，形成致密、多孔组织，从而使制品具有膨松、柔软或酥脆的一类物质。它不仅可提高食品的感官质量，而且有利于食品的消化吸收，这在如今大力发展方便食品并强调其营养价值时具有一定的重要性。

8. 冰淇淋、雪糕

在生产工艺上，冰淇淋、雪糕中常用的食品添加剂有以下几种。

(1)乳化剂：促进油和水相互融合在一起，使口感润滑、细腻，如单(双)甘油脂肪酸酯、卵磷脂、蔗糖脂肪酸酯、丙醇脂肪酸酯和聚甘油脂肪酸酯等。

(2)增稠剂:如瓜尔胶、果胶、羧甲基纤维素钠、黄原胶等。这些胶类大部分是天然的,可以在雪糕中适量添加,属于无毒的食品添加剂。

(3)甜味剂:甜蜜素、糖精钠、阿斯巴甜等。

(4)着色剂:多为人工合成色素,它们是冰淇淋、雪糕色彩的主要来源,如柠檬黄、日落黄、胭脂红、苋菜红、亮蓝、诱惑红等。

(5)甜味剂:与雪糕中的糖相配合,既保证甜味,又降低了成本,如安赛蜜、糖精钠、甜蜜素等。

(6)酸度调节剂:如乳酸、乳酸钠、柠檬酸、柠檬酸钠等,以提供酸味。

(7)食品用香料:一般为合成香精,是"桃子味""抹茶味""香橙味"等多数产品香气的主要来源。

(8)防腐剂:如苯甲酸、山梨酸等。

9. 蛋糕

蛋糕起源于西方,后来才慢慢传入中国。它是以鸡蛋、白糖、小麦粉为主要原料,牛奶、果汁、奶粉、色拉油、水、起酥油、泡打粉等为辅料,经过搅拌、调制、烘烤后制成的一种像海绵的点心。在生产过程中,为了提高它的品质,会加入食品添加剂,主要有以下几种。

(1)膨松剂:蛋糕油、蛋糕起泡剂、泡打粉、碳酸氢钠等,可以让蛋糕具有多孔海绵状疏松结构。

(2)着色剂:叶绿素、胡萝卜素、柠檬黄等,以改善蛋糕的色泽,提高了人们的食欲。

(3)乳化剂。

(4)食品用香料。

(5)甜味剂:麦芽糖醇、山梨糖醇等。

10. 薯片

需用的食品添加剂有乙酰化双淀粉己二酸酯、磷脂、酪蛋白酸钠、碳酸氢钠、苹果酸、麦芽糊精、二氧化硅等。

11. 海苔

海苔的成分中含有麦芽糊精及酿造酱油。酱油当中就存在许多食品添加剂，比如谷氨酸钠、山梨酸钾、三氯蔗糖、安赛蜜，或者有增味剂、防腐剂等。

12. 坚果类

需用的食品添加剂有谷氨酸钠等增味剂，甜蜜素、安赛蜜、糖精钠等甜味剂，香辛料等食品用香料。

以炒瓜子、山核桃为例，一般自己家里、小作坊里制作的瓜子、山核桃是不会去添加食品添加剂的；而在食品工业生产上，会加入一些食品用香料、甜味剂、防腐剂等食品添加剂。

13. 巧克力

巧克力是极具营养价值的糖类食品,其主要原料是可可豆。在美味的巧克力中有许多食品添加剂,如乳化剂、着色剂、增稠剂和甜味剂等。常用于巧克力的乳化剂有辛癸酸甘油酯、聚甘油蓖麻醇酯、聚甘油脂肪酸酯、山梨醇酐单月桂酸酯、大豆磷脂等。

3.2.3　其他特殊人群常见食品

1. 钙片

老年人容易出现骨质疏松、腰背疼痛、牙齿脱落、易骨折等缺钙问题,需要适当补充钙制剂,除了采取食补的方法,还可以适当吃些钙片。钙片当中含有阿斯巴甜、食用香精、硬脂酸镁等食品添加剂。

2. 中老年奶粉

随着年龄的增长,不少老年人牙齿脱落,进而影响对食物的咀嚼,消化能力下降。比起药物补给,食物补给更加健康。中老年奶粉作为营养辅食,是正餐外的营养元素补给的理想来源之一。中老年奶粉营养丰富,主要包含脱脂乳粉、全脂乳粉、麦芽糊精、乳糖、果糖、碳酸钙、植物油、磷脂、柠檬酸、氢氧化钾、醋酸维生素 A、生育酚、维

生素 D_3、L-抗坏血酸、L-抗坏血酸钠、乳矿物盐、硫酸亚铁、硫酸锌等。

科学学堂

维生素 C 的化学式为 $C_6H_7O_6$，结构类似葡萄糖。其分子中第 2 位及第 3 位上 2 个相邻的烯醇式羟基极易解离而释放出 H^+，故具有酸的性质，又称 L-抗坏血酸。维生素 C 为白色结晶或结晶性粉末，无臭，味酸，久置渐变为微黄色；在水中易溶，呈酸性，在乙醇中略溶，在三氯甲烷或乙醚中不溶。维生素 C 具有很强的还原性，很容易被氧化成脱氢维生素 C，但其反应是可逆的，维生素 C 和脱氢维生素 C 具有同样的生理效能。但脱氢维生素 C 若进一步水解，生成二酮古乐糖酸，该反应不可逆，从而使维生素 C 完全失去生理效能。维生素 C 在食品中既可作为抗氧化剂，又可作为营养强化剂使用。维生素 C 可以捕捉自由基，防止自由基对身体内部分子的损伤，从而保护细胞和组织免受氧化应激的影响；可以促进淋巴细胞增殖，增强机体免疫系统的功能；能够促进胶原蛋白的合成，维持皮肤、骨骼、关节等组织的正常结构和功能。

3. 孕产妇奶粉

孕产妇奶粉是在普通牛奶的基础上，额外添加叶酸、铁、钙和不饱和脂肪酸等孕期所需要的营养成分，孕产妇奶粉的主要作用是通过为孕产妇、产后妈妈提供营养，从而为胎儿的生长发育提供营养，以及为婴儿的成长提供营养均衡的乳汁，因此孕产妇奶粉是对孕、胎、母、婴都有着重要作用的一种营养配方奶粉，是孕产妇不可或缺的一种营养品，可以满足孕产妇的特殊需要。孕产妇奶粉营养丰富，一般主要包含鲜牛奶、脱脂乳粉、脱盐乳清粉、浓缩乳清蛋白粉、乳糖、白砂糖、麦芽糊精、水溶性膳食纤维（菊粉，添加量 1.5 %）、单细胞海藻二十二碳六烯酸（DHA）、胆碱、硫酸镁、焦磷酸铁、硫酸锌、L-抗坏血酸钠、维生素 A、维生素 D_3、维生素 E、维生素 K_1、盐酸硫胺素、核黄素、盐酸吡哆醇、维生素 B_{12}、烟酸胺、泛酸钙、叶酸、β-胡萝卜素、磷脂等。

科学学堂

氢氧化钾是一种无机化合物，化学式为 KOH。它是常见的无机碱，具有强碱性，0.1mol/L 溶液的 pH 为 13.5；溶于水、乙醇，微溶于乙醚；极易吸收空气中的水分而潮解，以及吸收二氧化碳而成为碳酸钾。奶粉中的氢氧化钾一是作为酸度调节剂，调节食品 pH 值，中和奶粉生产过程中产生的酸性物质；二是为了添加钾元素，钾元素是人类生长发育过程中必不可少的微量元素。因此，在奶粉中一般都会加入氢氧化钾。

4. 术后食品

术后患者一般体质虚弱，主要补充流质食品或半流质食品。该类食品的特征是食物呈液体状态，在口腔内能融化为液体或半流质，如稠米汤、藕粉、蒸蛋羹、蛋花汤、肉汤冲鸡蛋、牛奶冲鸡蛋、牛奶、豆浆、菜汤、肉汤等。该类食品因为提供的营养元素不足，只能短期应用，作为过渡期的膳食，因此，很多术后患者选择补充全营养配方食品或蛋白粉。配方中包括麦芽糊精、植物脂肪粉[葡萄浆、大豆油、椰子油、葵花籽油、酪蛋白酸钠、乳清蛋白粉、磷酸氢二钾、单(双)甘油脂肪酸酯、白砂糖、硬脂酰乳酸钠、大豆磷脂]、浓缩乳清蛋白粉、大豆分离蛋白、醋酸维生素 A、维生素、α-醋酸生育酚、植物甲萘醌、盐酸硫胺素、核黄素、盐酸吡哆醇、氰钴胺、烟酰胺、叶酸、D-泛酸钙、L-抗坏血酸、D-生物素、柠檬酸钠、柠檬酸钾、氯化钾、硫酸铜、碳酸镁、焦磷酸铁、硫酸锌、硫酸锰、碳酸钙、磷酸氢钙、碘化钾、亚硒酸钠、二氧化硅、食用香精等。其中添加的食品添加剂主要为乳化剂和抗结剂等。

科学学堂

二氧化硅是一种无机化合物，化学式为 SiO_2。它的化学性质比较稳定；不与水反应；具有较高的耐火、耐高温、耐腐蚀性，热膨胀系数小，高度绝缘，具有压电效应、谐振效应及其独特的光学特性。

FAO/WHO规定：其在乳粉、可可粉、加糖可可粉、食用钠、可可脂中的最大使用量为10mg/kg；在奶油脂中的最大使用量为1g/kg；在涂敷用蔗糖粉和葡萄糖粉、汤粉、汤块中的最大使用量为15g/kg。FDA规定：其作为抗结剂，最高限量为2g/kg。《食品安全国家标准 食品添加剂使用标准》（GB 2760—2014）规定：将其用于乳粉和奶油粉及其调制品、可可制品、脱水蛋白制品、糖粉、植脂末、固体饮料，最大使用量为15g/kg；将其用于香辛料类、固体复合调味料，最大使用量为20g/kg；将其用于豆制品，最大使用量为0.025g/kg。

5. 肉松

常作为肉松的水分保持剂、酸度调节剂、稳定剂、膨松剂、抗结剂以及凝固剂的有磷酸、焦磷酸二氢二钠、焦磷酸钠、磷酸二氢钙、磷酸二氢钾、磷酸氢二铵、磷酸氢二钾等。

乳酸链球菌素作为一种常用的防腐剂用于肉松中。

6. 芝麻糊

芝麻糊当中一般会加乙酰化单甘油脂肪酸酯、抗坏血酸等食品添加剂。

7. 全麦面包

全麦面包由全麦面粉制成，因此含有山梨糖醇、麦芽糊精、木糖醇、麦芽糖醇、磷酸氢二钠、蔗糖脂肪酸脂、单硬脂酸甘油酯、乙酰磺胺酸钾、三氯蔗糖、黄原胶、单甘油脂肪酸酯、硫酸钙、抗坏血酸、磷酸三钙、偶氮甲酰胺、硬脂酰乳酸钙、丙酸钙、脱氢乙酸钠等多种食品添加剂。

我们国家的面粉品质本身不能满足加工面包的需要，必须添加面包改良类添加剂才可以生产出合格的面包。面包改良类添加剂一般为复配食品添加剂，由酶制剂、乳化剂和强筋剂复合而成的生产面包的一种食品添加剂。简单地说，面包改良类添加剂是可促进面包柔软、增加面包烘烤弹性、延缓面包老化、延长货架期的一种烘焙原料。将其添加到面粉中，使面包的内部组织结构细腻，气泡均匀，从而加工出来品相很好的面包。面包改良类添加剂在西方国家被广泛应用。

科学学堂

常用的乳化剂有离子型乳化剂硬脂酰乳酸钠（SSL）、硬脂酰乳酸钙（CSL）、单硬脂酸甘油酯、大豆磷脂、双乙酰酒石酸单甘酯、山梨糖醇酯等。常用的抗氧化剂有碘酸钾、维生素 C、偶氮甲酰胺、过硫酸铵、二氧化氯、磷酸盐等。用于面包的酶制剂则有麦芽糖 α-淀粉酶、真菌 α-淀粉酶、葡萄糖氧化酶、真菌木聚糖酶、脂酶、真菌脂肪酶、半纤维素酶等。一些天然物质也具有面包改良作用，如野生沙蒿籽、活性大豆粉、谷朊粉等。以上几类物质对增大面包体积、改善面包内部结构、延长面包保鲜期都各有效果。

此外，有些改良剂中还添加了无机盐，如氯化铵、硫酸钙、磷酸铵、磷酸二氢钙等，它们主要起酵母的营养剂或调节水的硬度、调节pH的作用。还有些改良剂中添加了维生素 B_1 与 B_2、铁、钙、小麦胚芽粉、烟酸等，它们主要起营养强化作用。

第四章 食品添加剂的作用和安全性

4.1 食品添加剂的作用

食品添加剂在我们生活中无处不在。食品添加剂大大促进了食品工业的发展,并被誉为现代食品工业的灵魂。其主要作用大致如下。

4.1.1 改善食品的贮藏性,延长食品的保质期

食品防腐剂和抗氧化剂等食品添加剂在食品工业中可以防止食品腐败及氧化变质,对保持食品的营养具有重要作用,可以提高食品

的贮藏性、延长食品的保质期。各种生鲜食品若不采取保鲜防腐措施，出厂后将会很快腐败变质。防腐剂可以防止由微生物引起的食品腐败变质，延长食品的保质期，同时还具有防止由微生物污染引起的食物中毒作用。抗氧化剂则可阻止或推迟食品的氧化变质，以提高食品的稳定性和耐贮藏性，同时也可防止可能有害的油脂自动氧化物质的形成。此外，还可以用来防止食品特别是水果、蔬菜的酶促褐变与非酶促褐变。因此，为保证食品在保质期内应有的质量和品质，使用防腐剂、抗氧化剂是一个很好的选择。

4.1.2 降低食物中毒的概率

食品中存在的微生物是污染源，食品中的营养成分也为微生物的生长提供了所需的养分，一有机会微生物将会以几何级数的速度迅速繁殖，其生长过程还可能产生一些有害的代谢毒物，引起食物中毒。而防腐剂的使用可以大大降低微生物在食品中的繁殖速度，从而减少致病性微生物产生的毒素，从而减少因食品腐败对人的伤害。因此，食品添加剂有利于降低食物中毒的概率。

4.1.3 满足不同人群对特殊营养的需要

食品添加剂不但能满足人们对食品色、香、味及多样性的需求，还能帮助一些特殊群体解决健康饮食的需求。如糖尿病患者为有效

控制血糖等,禁食白糖、红糖、葡萄糖及糖制甜食(包括糖果、糕点、果酱、蜜饯、冰淇淋、甜饮料等),各种无糖、低热量的甜味剂“挺身而出”,广泛应用于糖尿病患者的食物中,既填补了这一群体不能食用蔗糖的空白,也满足这一群体对甜味食物的需要。常用三氯蔗糖、天门冬酰苯丙氨酸甲酯等代替蔗糖用于加工食品。二十二碳六烯酸(DHA)是组成脑细胞的重要营养物质,对孩子智力发育有重要作用,可在婴幼儿食品如奶粉、牛奶中添加,以促进孩子健康成长。因此,可以借助食品添加剂来研究、开发食品去满足不同人群的营养需要。

4.1.4　保持或提高食品的营养价值

在食品加工时适当地添加某些属于天然营养范围的营养强化功能的食品添加剂,可以大大提高食品的营养价值,这对防止营养不良和营养缺乏、促进营养平衡、提高人们健康水平具有重要意义。例如,在面粉里面可以加入钙粉、维生素、氨基酸等,强化面条的营养功能;儿童食品中强化钙、维生素来满足儿童的成长需求。

4.1.5　改善食品风味

人们摄取食品不仅为了获得营养,还追求口味的新奇与变化,适当使用甜味剂、酸度调节剂、食品用香料等,可显著改善食品的适口性。例如,绝大多数在家里做饭的家庭,都具有味精、鸡精等调味品;女性喜爱的饮料和冰淇淋,众多口味要靠香精的调整。酸度调节剂有助于改进食品风味，因此常用于饮料、糖果、糕点、鱼肉、蔬菜类产品的加工。因此，通过加了这些食品添加剂，食物的口感更佳，人们可以更加享受美味了。

4.1.6　丰富食品品种，提高食用方便性

随着食品工业的发展和人类生活质量的提高，越来越多的新型食品出现在我们身边。现在市场上已拥有多达2万种以上的食品可供消费者选择，无论是色泽、形状、口感的改变，还是原料营养品种的调整，琳琅满目的食品极大地刺激了人们的消费欲望。

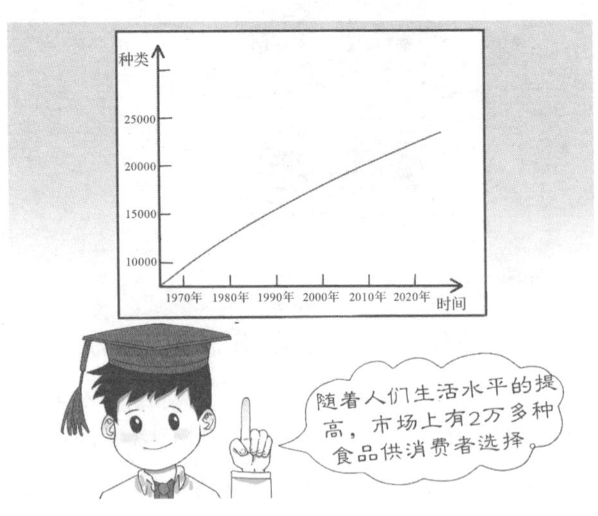

现代生活、工作的快节奏,使得人们对方便食品的需求大大增加,快餐食品、速冻食品等都深受人们的喜爱。这些食品的生产大多通过一定包装及不同加工方法处理,不同程度地添加了着色、增香、调味乃至其他食品添加剂。尽管添加量不大,但食品添加剂的使用既丰富了食品的品种,又给人们的生活和工作带来了极大的方便。

4.1.7 改善食品品质

食品添加剂可以改善和提高食品色、香、味及口感等感官指标。食品的色、香、味、形态和口感是衡量食品质量的重要指标,食品加工过程一般都有碾磨、破碎、加温、加压等物理过程,在这些加工过程中,食品容易褪色、变色,有一些食品固有的香气也散失了。此外,同一个加工过程难以解决产品的软、硬、脆、韧等口感的要求。因此,适当使用着色剂、护色剂、食品用香料、增稠剂、乳化剂等,可明显提高食品的感官质量;满足人们对食品风味和口味的需要。

4.1.8 赋予食品诱人的色泽

着色剂(色素)可以赋予食品色泽改善食品色泽。护色剂能与肉及肉制品中呈色物质作用,使之在食品加工、保藏过程中不致分解、破坏,呈现良好色泽。漂白剂能够破坏抑制食品的发色因素,使其褪色或使食品免于褐变。这些食品添加剂的使用使食品呈现更加诱人的颜色,带给人们良好的视觉享受,增加人们的食欲。食用色素等只要在国家许可的范围和国家标准内使用,就不会对健康造成危害。

4.1.9 使加工快餐食品和特色食品有了可能

现在市场上已拥有多达两万种以上的方便食品供消费者选择,例如:方便面、罐头、火腿肠等,这些食品都是不需要二次加工,买回去可直接使用的产品。再比如,年轻人喜欢的肯德基、麦当劳等快餐食品,方便又可口。尽管这些方便食品的生产大多通过一定包装及不同加工方法处理,但是有一个共同点,就是不同程度加了着色剂、增味剂、食品用香料等其他食品添加剂。因而,食品添加剂的使用使加工快餐食品和特色食品有了可能,给人们的日常生活带来了极大的便利。

4.1.10 改进食品的加工工艺

食品添加剂能够使食品加工制造工艺更加合理，更加卫生，更加便捷。例如，有些食品加工过程中需要消泡剂来降低表面张力，消除泡沫。加入抗结剂防止颗粒或粉状食品聚集结块，保持其松散或自由流动的物质。食品工业用加工助剂有助于食品加工顺利进行，与食品本身无关，如助滤、澄清、吸附、脱模、脱色等，如果不使用食品添加剂，许多食品就不能生产。因此食品添加剂改进了食品的加工工艺技术。

4.1.11 提高食品加工业的经济效益和社会效益

食品添加剂的使用不仅增加食品的花色品种、提高了品质，而且在生产过程中使用增稠剂、乳化剂等食品添加剂，能够降低原料的消耗，改进食品的加工工艺技术，提高产品收益率，从而降低了生产成本；另外也可以极大地提升食品品质和档次，增加其附加值，可以产生明显的经济效益和社会效益。

4.1.12 促进现代食品加工业的发展

随着我国经济的飞速发展，人们的生活水平日益提高，对饮食提出了更新更高的要求，一方面要求色、香、味、形俱佳，营养丰富；另一方面要求食用方便、清洁卫生、无毒无害；此外还要适应工作生活快节奏和不同人群的消费需要，因而食品添加剂在人们日常生活中的作用也越来越大，我们每天食用的鸡精含有食品添加剂，食盐、酱油、醋等调味品中也都含有食品添加剂，吃的饼干含有食品添加剂，食用色拉油也有食品添加剂，牛奶也含有食品添加剂，对于食品工业的发展很难找到没有食品添加剂的角落。

纵观食品添加剂工业和食品工业发展的历史，不难看出：食品工业的需求带动了食品添加剂工业的蓬勃发展，而食品添加剂的发展，又推动了食品工业的进步，食品添加剂是食品工业技术创新的重要推动力。

4.2 食品添加剂错误使用引起的食品安全问题

4.2.1 超量使用食品添加剂

食品添加剂在食品加工过程中，必须按相关标准中规定的使用量添加才能对人体无害。而一些企业为了达到保质期长、色泽好等目的，超标加入食品添加剂，就会给消费者的健康带来危害。目前，防腐剂、抗氧化剂、面粉处理剂、高倍甜味剂和部分合成色素的超标使用等问题比较严重。

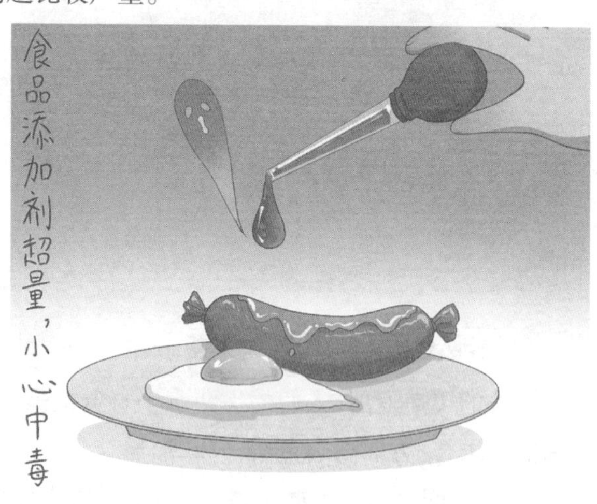

根据《食品安全国家标准 食品添加剂使用标准》(GB 2760—

2014),泡菜属于腌渍的蔬菜,故加工过程中,防腐剂苯甲酸的用量不得超过1g/kg,但有的厂家苯甲酸的使用量超标了5倍。某挂面厂外购的面粉中添加了过量的过氧化苯甲酰,引起挂面哈喇味,消费者食用后出现头疼、恶心等症状。某卤肉加工个体户超量使用护色剂亚硝酸盐加工狗肉,令43人食物中毒,其中1人死亡。这些例子屡见不鲜,所以目前食品添加剂的超量使用成为食品添加剂不规范使用的典型问题。

(1)抗氧化剂超量:大剂量使用丁基羟基茴香醚时可引起大鼠前胃癌。

GB 2760—2014 中的相关规定

丁基羟基茴香醚(CNS 号 04.001,INS 号 320):作为抗氧化剂。最大使用量为脂肪0.2mg/kg、油和乳化脂肪制品0.2mg/kg、基本不含水的脂肪和油0.2mg/kg、熟制坚果与籽类(仅限油炸坚果与籽类)0.2mg/kg、坚果与籽类罐头0.2mg/kg、胶基糖果0.4mg/kg、炸面制品0.2mg/kg、杂粮粉0.2mg/kg、即食谷物0.2mg/kg、方便米面制品0.2mg/kg、饼干0.2mg/kg、腌腊肉制品类(如咸肉、腊肉、板鸭、中式火腿、腊肠)0.2mg/kg、风干和压干等水产品0.2mg/kg、固体复合调味品(仅限鸡肉粉)0.2mg/kg、膨化食品0.2mg/kg。

(2)漂白剂超量:①超量使用二氧化硫,可引起胃肠道刺激,并造成大脑组织的退行性变,导致失眠、生物节律紊乱,引起四肢麻木或震颤,影响人体的代谢机能。②超量使用亚硫酸盐,则可掩盖食品的腐败味,破坏硫胺素。

GB 2760—2014 中的相关规定

二氧化硫(CNS 号 05.001,INS 号 220)、焦亚硫酸钾(CNS 号 05.002,INS 号 224)、焦亚硫酸钠(CNS 号 05.003,INS 号 223)、亚硫酸钠(CNS 号 05.004,INS 号 222)、亚硫酸氢钠(CNS 号 05.005,INS 号

221)、低亚硫酸钠(CNS 号 05.006):作为漂白剂、防腐剂、抗氧化剂。最大使用量以二氧化硫残留量计，经表面处理的鲜水果 0.05mg/kg、水果干类 0.1mg/kg、蜜饯凉果 0.35mg/kg、干制蔬菜 0.2mg/kg、干制蔬菜(仅限脱水马铃薯)0.4mg/kg、腌渍的蔬菜0.1mg/kg、蔬菜罐头(仅限竹笋、酸菜)0.05mg/kg、干制的食用菌和藻类 0.05mg/kg 等。

(3)着色剂超量:①超量使用苋菜红，可引起大鼠肿瘤和胎仔畸形。②超量使用靛蓝，可抑制大鼠生长。③超量使用日落黄，会引起过敏、腹泻等。若长时间食用日落黄，还会造成脱发以及损害头皮组织、毛囊细胞。

GB 2760—2014 中的相关规定

苋菜红(CNS 号 08.130):最大使用量 0.25g/kg。

靛蓝(CNS 号 08.008,INS 号 132):最大使用量 0.1g/kg。

日落黄(CNS 号 08.006,INS 号 110):最大使用量 0.3g/kg。

(4)护色剂超量:超量使用硝酸盐、亚硝酸盐，易与肉制品中的蛋白质结合，形成 *N*-亚硝基化合物，有较强的致癌作用。

GB 2760—2014 中的相关规定

硝酸钠(CNS 号 09.001,INS 号 251)、硝酸钾(CNS 号 09.003,INS 号 252):最大使用量 0.5g/kg[以亚硝酸钠(钾)计],残留量≤30mg/kg。

亚硝酸钠(CNS 号 09.002,INS 号 250)、亚硝酸钾(CNS 号 09.004,INS 号 249):最大使用量 0.15g/kg(以亚硝酸钠计),残留量≤30mg/kg。

(5)增味剂超量:①超量使用味精，可使血液中谷氨酸浓度升高，产生不适症状，还能限制食物中钙、镁的利用。②超量使用咸味香精，会使血糖升高。

氨基乙酸(又名甘氨酸,CNS 号 12.007,INS 号 640):最大使用量 3.0g/kg。

琥珀酸二钠(CNS 号 12.005):最大使用量 20.0g/kg。

辣椒油树脂(CNS 号 00.012,INS 号 160c):最大使用量 10.0g/kg。

(6)甜味剂超量:①超量使用糖精,有导致膀胱癌的危险。②环己基氨基磺酸钠(甜蜜素)因有一定的危害,所以在多个国家被禁用。③超量使用甜蜜素,对人体肝脏和神经系统造成危害。④超量使用阿斯巴甜,会导致记忆力衰退。

GB 2760—2014 中的相关规定

糖精钠(CNS 号 19.001,INS 号 954):最大使用量 5.0g/kg。

环己基氨基磺酸钠(又名甜蜜素,CNS 号 19.002,INS 号 952)、环己基氨基磺酸钙(CNS 号 19.002,INS 号 952):最大使用量 8.0g/kg(以环己基氨基磺酸计)。

天门冬酰苯丙氨酸甲酯(又名阿斯巴甜,CNS 号 19.004,INS 号 951):最大使用量 2.0g/kg。

(7)防腐剂超量:超量使用苯甲酸及其钠盐,会引起中毒。苯甲酸类防腐剂毒性较大,国家限制了苯甲酸及其盐类的使用范围。

GB 2760—2014 中的相关规定

苯甲酸(CNS 号 17.001,INS 号 210)、苯甲酸钠(CNS 号 17.002,INS 号 211):最大使用量 2.0g/kg(以苯甲酸计),固体饮料按稀释倍数增加使用量。

食品添加剂超量使用会对人体造成伤害,主要会引起以下毒性反应。

(1)急慢性中毒:食品添加剂的超量使用能引起急慢性中毒。例如，肉类制品中亚硝酸盐过量，可导致人体血红蛋白变性，其携氧能力下降，使人出现缺氧症状。

(2)过敏反应：有些食品添加剂是大分子物质，可能会引起变态反应。比如，糖精可引起皮肤瘙痒症及日光性过敏性皮炎；有些食品用香料可引发支气管哮喘、荨麻疹等。

生活中因过量食用食品导致健康受损的例子有很多。比如，有人日常把牛奶当水喝，导致肾中毒；有产妇每天吃大量鸡蛋，出现全身水肿的现象，检查发现是由于蛋白质中毒。其实，食物中毒是一个量效的关系，不管多安全的食物，吃过量了都会导致身体出现异样，食品添加剂也是这样。所以我国在制定食品添加剂的最大使用量时，充分考虑到人们的饮食习惯。比如，中国人喝碳酸饮料的概率要比喝植物蛋白饮料大，而且喝的量也多，所以国家规定，苯甲酸钠在碳酸饮料中的最大使用量为0.1g/kg，而在植物蛋白饮料中的最大使用量则为1.0g/kg。

食品添加剂的规定剂量都是经过严格实验测定后而被批准的，都是非常安全的，但是超出了这个“量”，可能就不安全了。如果某种食品添加剂一天的总食用量超出了最大使用量，也不要恐慌，只要不是每天都这样摄入，还是相对比较安全的。

不管食品添加剂能给我们的生活带来什么样的好处，它只是种辅助用品，更何况任何事物都要讲究“度”，不能太过。使用食品添加剂是为了保住食物的色、香、味，但若使用不当，就可能会出问题。比如玫瑰红-B、碱性槐黄等着色剂，在动物试验中发现能诱发癌症，因此禁止用于食品加工中；美国市场上曾有一种叫作“甜精”的甜味剂，但后来发现其对动物有致癌作用而被禁用。

目前，我们平常食用的人工合成色素有靛蓝、胭脂红、苋菜红和柠檬黄等。它们不仅本身可能有毒性，在加工过程中还可能会夹杂一些重金属毒素，所以人工合成色素的用量一定要控制好，否则可能会给消费者带来健康问题。

人们制作腊肉、火腿等食品时通常会用到硝酸盐，但并不是用得越多，这些食品就能加工得越好。相反，用硝酸盐时要严格控制用量。硝酸盐虽然有很好的防腐作用，但会产生亚硝胺，而亚硝胺有较强的致癌作用。

4.2.2 超范围使用食品添加剂

根据被加工食品的感官要求、理化性质、营养学特性以及食品添加剂与其他食品成分可能发生的反应等，国家卫生健康委员会明确规定了各种食品添加剂的使用范围。一些食品生产企业由于技术力量薄弱，对食品添加剂的安全性不了解，不按规定使用食品添加剂，误认为食品添加剂可以用于任何食品中，从而造成了食品的质量问题。

例如，硫黄作为漂白剂，只限于在熏制蜜饯、干果、粉丝、食糖、干菜等时使用，而某些生产经营者在熏蒸馒头时滥用硫黄，会引起二氧化硫严重残留，危害人们的身体健康。有些小型生产企业将不能添加至干豆腐、香肠、冰棒中的柠檬黄、胭脂红等色素添加其中。我国规定婴幼儿食品中不准添加人工合成色素、糖精和食用香精（香兰素、乙基香兰素和香荚兰豆浸膏除外），但个别企业违反此规定。

GB 2760—2014 中的相关规定

较大婴儿和幼儿配方食品中可以使用香兰素、乙基香兰素和香荚兰豆浸膏（提取物），最大使用量分别为 5mg/100mL、5mg/100mL 和按照生产需要适量使用（其中 100mL 以即食食品计），生产企业应按照冲调比例折算成配方食品中的使用量。

较大婴儿和幼儿谷类辅助食品中可以使用香兰素，最大使用量为 7mg/100g（其中 100g 以即食食品计），生产企业应按照冲调比例折

算成谷类食品中的使用量。

凡使用范围涵盖0~6个月婴儿配方食品,不得添加任何食品用香料。

4.2.3　使用不合格的食品添加剂

食品添加剂必须符合国家或行业质量标准。对于尚无国家、行业质量标准的产品,应制定地方或企业标准,按照地方或企业标准组织生产。可是,少数企业生产工艺落后、车间卫生设施不完善,造成某些添加剂产品纯度及重金属含量达不到要求,例如砷、铅、硫酸盐、氯化物、溶剂、副产物超标等。

4.2.4　快餐食品中不标注使用的食品添加剂

快餐食品中使用食品添加剂的现象比较普遍,但是因为快餐食品大部分没有外包装,所以就没有标注所使用的食品添加剂,即使有外包装,大多也不在包装上标注所使用的食品添加剂,消费者可谓吃得“不明不白”。

4.2.5　过度追求食品色、香、味带来的问题

目前,人们对食品色、香、味的追求越来越高。为了取得更好的

色、香、味，加工食品中被加入极香的香精、增味剂等，消费者长期食用会导致味觉疲劳，对味道的感受越来越不敏感，觉得“现在吃什么都感觉不香”，这是典型的食品添加剂依赖症。对色、香、味的过度追求会导致更多食品添加剂的摄入，造成恶性循环。

例如，有些人在家中炒菜，无论是什么风味的菜，都喜欢加入味精来调味，就是对味精产生依赖的表现。

焦糖色这种食品添加剂在可乐、咖啡等饮料以及调味酱、蛋糕中会有添加。如果它只是由糖加热获得的，那么它的危害并不大。但如果在制造的过程中添加了氨，那么它就会产生致癌物质。

糖精属于一种人工甜味剂，多存在于饮料、果冻等食品中。研究发现，糖精能使试验动物患上膀胱癌。也有研究报告指出，用糖精代替糖会更容易导致肥胖。所以国家规定，婴幼儿食品中不允许添加糖精。

4.3 非食品添加剂引起的食品安全问题

4.3.1 添加不允许使用的非法添加物

在最近几年出现的食品安全事件中最常见的是食品中添加了不允许使用的非法添加物，例如“吊白块”事件、“苏丹红”事件、“三聚氰胺”事件等。以上提及的添加物都不属于食品添加剂，所以其实这些重大食品安全事件都与食品添加剂无关。

案例 1

2008 年，全国发生多起婴儿因食用某品牌奶粉而出现肾结石的事件，该奶粉企业承认婴幼儿奶粉受到三聚氰胺污染。卫生部等相关部门随即展开调查，确认“受三聚氰胺污染的婴幼儿配方奶粉能够导致婴幼儿分泌系统结石”。

人们认识三聚氰胺是从 2008 年的“毒奶粉事件”开始的。三聚氰胺是一种有毒的化工原料，国家禁止在食品中添加和使用三聚氰胺。但是,由于测试奶粉、牛奶等含蛋白质食品中蛋白质含量的方法存在缺陷,三聚氰胺常被不法商家添加到食品中,用以提升食品检测中的蛋白质含量的检测数据。三聚氰胺会危害生殖与泌尿系统,导致膀胱结石、肾结石、尿路结石等,并进一步诱发膀胱癌。

案例2

上海市有关部门在对某国际著名快餐店的多家餐厅进行抽检时,发现其产品新奥尔良鸡翅和新奥尔良鸡腿堡的调味品中含有“苏丹红Ⅰ号”成分。

苏丹红是一种化学染色剂,主要用于石油、机油和一些工业溶剂中。可很多人并不知道的是,苏丹红化学成分中含有萘,该物质具有偶氮结构,这也决定了它具有致癌性,对人体的肝、肾等器官有明显的毒性。鉴于苏丹红的毒性,国家禁止在食品加工中使用苏丹红,但是不法商家为了牟取利益,将其用于食品的染色和增色。在2006年的“红心鸭蛋”事件令苏丹红“名声大噪”。

案例3

江西省吉安市吉州区有关部门查处了一米粉加工点,其非法使用吊白块加工米粉。现场查获吊白块20余千克。

吊白块的化学名称为次硫酸氢钠甲醛或甲醛合次硫酸氢钠，主要成分为次硫酸钠甲醛，是一种工业用漂白剂。吊白块有非常明显的漂白、防腐作用，而且价格低廉。不法商家为了牟取利益，将其用在米粉、腐竹、牛百叶、面食等各种食品中，使食品的外观看起来更加亮丽，还能延长食品的保质期，增加食品的韧性，令食品吃起来比较爽口。但吊白块在加工过程中会分解产生甲醛，能使蛋白质凝固而失去活性，损害人体的皮肤黏膜、肾脏、肝脏及中枢神经系统，还会导致癌症和畸形病变，甚至造成生命危险。国家已经明令禁止在食物中添加吊白块。

4.3.2 滥用营养强化剂

营养强化剂主要包括维生素、矿物质、氨基酸、脂肪酸四大类，一般用量较少。

人类为了健康，就需要吸收营养，但有些食物中的营养不容易被人体有效吸收。如果没有营养强化剂，虽然食物一样能吃，但很多营养不能满足人体的需求。营养强化剂虽好，但若是使用不当，也可能会带来新的问题。

老百姓对营养强化剂的认识往往存在误区。有些人会认为,既然是营养强化剂,那使用得越多,食物的营养就能被增强得越多,所以营养强化剂使用得越多越好。其实食品营养强化剂并不是这样理解的。《食品安全法》对使用食品添加剂设置了两个非常重要的前提:一是技术上确实有必要;二是安全可靠。在食品加工过程中,使用营养增强剂时要坚持的一个原则就是不破坏食物本身的营养。如果滥用营养强化剂,不仅达不到增强食物营养的作用,反而会破坏食物的营养平衡,导致食用者营养失衡,损害健康。

食品营养强化剂是当食品中营养的含量低于需求量时才考虑添加,如果食物中的营养含量足够高,是不需要添加的。所以说,并不是所有的食物都要使用营养强化剂。相反,维生素、矿物质等具有生理活性功能的物质,如果长期超量食用,也可能会出现毒副作用。

4.3.3 以工业级产品代替食品级产品

国家规定食品加工必须使用食品级规格的食品添加剂,不准使用工业级产品。但目前食品添加剂流通渠道及经营方式较为混乱,且添加剂市售环节、卫生监督管理相对薄弱,给不法分子以可乘之机。有些生产经营单位弄虚作假,追求经济利益,随意将工业级化工产品假冒为食品级食品添加剂销售、使用。

例如,某化工厂将铅含量超标的工业用亚硫酸盐换上食品包装和商标,并出具虚假检验报告,冒充食品添加剂出售。某市一次市场检查中,曾发现30余家化工、食品、杂货经营单位将该市一家化工厂生产的工业用纯碱作为食用纯碱出售。

在食品加工过程中采用工业级产品代替食品级产品,从而造成食物中毒的事故多次发生。例如,某县一烧饼店用工业级碳酸氢钠代替食品级碳酸氢钠加工烧饼,结果造成120人食用后发生铅中毒。又如,1993年某食品厂采用非食品添加剂硬脂酸镁作为糖果的脱模剂,令糖中镉含量严重超标,造成200余名学生发生镉中毒。

在众多的食品安全事件中，很多是由于生产商采用工业级产品替代食品级产品进行生产。2012年的“工业明胶事件”中，最后证实是因为一些药企从废旧的皮革中提取工业明胶，用于制造胶囊。工业明胶和食用明胶的主要成分都是明胶，但是工业明胶中含有较多的重金属铬离子，对人体健康有很大的危害。

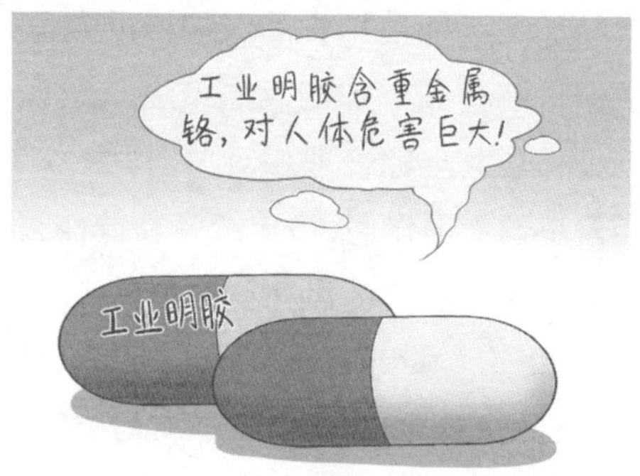

大家所熟知的盐其实也分工业级和食品级。工业盐规定的杂质有水分、水不溶物、钙镁离子、硫酸根离子等；而食盐规定的杂质除了以上这几种之外，还有氟、钡、砷、铅等。而就是这几个指标决定了食盐和工业盐有很大的区别，因为它们能影响人体健康。

以下为工业级产品和食品级产品间的区别。

(1)执行标准不同。工业级产品和食品级产品执行的国家标准并不一样。

(2)卫生指标不同。工业级产品的卫生要求通常低于食品级产品,一般含有较多杂质及有毒有害物质,如重金属等,会危害人们的健康。

(3)生产工艺不同。工业级产品和食品级产品的生产过程也略有不同。食品级产品的生产要求会更加严格,但工业级产品可能会减少某些程序。

福尔马林就是工业用的甲醛,是一种工业漂白剂。它是一种具有强烈的刺激性气味的透明液体,具有防腐作用,常用来浸泡病理切片及人体、动物标本。正是因为它有很好的防腐作用,所以很多不法商家就将它用于水产品、干货、面条、腐竹等食品的杀菌、防腐、漂白等,让食品的外观更好。但这种工业级产品用在食品加工中有很大的危害。许多科学实验早已证明,长期接触福尔马林可能会致癌。少量甲醛虽然能从人体中代谢出去,但甲醛在人体中滞留的过程中可能造成细胞变性。

第五章 食品与食品添加剂疑惑解答

1 我们应该如何正确认识食品添加剂?

随着食品工业的快速发展,食品添加剂的使用越来越普遍,极大地丰富了食品的品种,改善了食品的品质等,让人们可以尽情享受美味的食物。然而,近年来不断发生一些食品安全问题,如油条中加入尿素和洗衣粉、馒头中加入吊白块、火腿中加入敌敌畏、鸡蛋中加入苏丹红、猪肉注水和瘦肉精、使用孔雀石绿等违禁兽药、奶粉中加入三聚氰胺等问题,让人们误以为都是食品添加剂的造成的,从而对食品添加剂产生误解。可实际上,只要严格按照国家标准使用食品添加剂,不仅无害健康,而且是食品加工中不可或缺的一环。食品添加剂的使用,具有防止变质、改善口感、保持营养、方便加工、增加种类等好处。

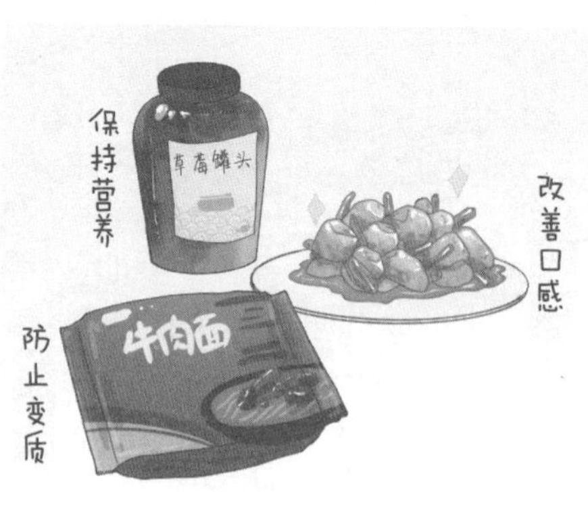

因此，我们既不能把食品添加剂看成洪水猛兽，也不能把它想得十全十美。若能正确选择和适当使用食品添加剂，不但无害，反而有益健康。

2 为什么要正确宣传和普及食品添加剂知识？

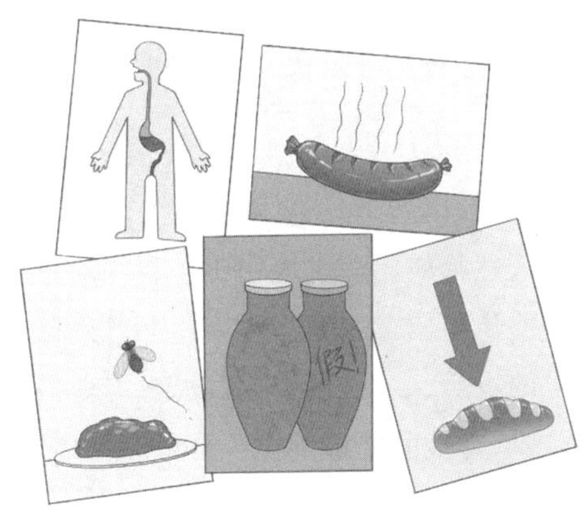

由于广大消费者缺乏相应的食品科学知识普及教育，消费者，甚至部分媒体工作者对食品添加剂的认识和了解并不全面，再加上近年来不断出现了一些食品安全事件，如不法商家将三聚氰胺、苏丹红、瘦肉精、吊白块非食品原料加入食品中，大众误以为这些物质是食品添加剂，从而对食品添加剂产生了极大的恐惧，一些人甚至到了“谈食品添加剂色变”的程度。人们对食品添加剂存在很多认识上的误区，很多食品安全事件是不法商家使用非食品原料造成的，当然也存在着食品添加剂的超标和超范围使用问题。其实食品添加剂没有那么可怕，人们应辩证看待食品添加剂，只要合理使用食品添加剂，就不会危害人们的身体健康。另一个大众对食品添加剂产生误区的原因是个别无良知的新闻媒体为了博取大众的眼球，制造假新闻，给食品添加剂带来了恶劣的影响。例如，几年前，有一记者为了获得轰动效果制造了一起假新闻——用废纸板做肉包子馅的报道，虽然后经查实这是杜撰的虚假新闻，但因大众少有食品添加剂专业知识，自然而然将这些事件与食品添加剂挂上了钩，将食品安全问题都归罪于食品添加剂。因此，我们有必要从食品及食品添加剂的安全性角度出发，普及食品添加剂常识，使广大消费者了解食品添加剂，消除对食品添加剂的负面印象，为食品添加剂正名，使食品行业发展大环境得到改善。

3 《食品安全法》与食品添加剂

《食品安全法》规定了食品添加剂的定义：食品添加剂是为改善食品色、香、味等品质，以及为防腐和加工工艺的需要而加入食品中的人工合成或者天然物质。该法规明确了我国对食品添加剂生产实行许可制度。若要从事食品添加剂生产，应当具有与所生产食品添加剂品种相适应的场所、生产设备或者设施、专业技术人员和管理制度，按照相关程序取得食品添加剂生产许可。

食品添加剂的安全性是食品安全的重要部分。目前市场上的食品添加剂良莠不齐，因此需要从生产环节进行控制。在《食品安全法》的保障下，食品添加剂的质量安全水平可以更好地提升。

4 超范围使用食品添加剂可能产生哪些危害?

根据被加工食品的感官要求、理化性质、营养学特性以及食品添加剂与其他食品成分可能发生的反应等,我国明确规定各种食品添加剂的使用范围,超范围使用食品添加剂是违反《食品安全法》的。但有一些食品生产企业不按规定使用食品添加剂,也有一些企业因为技术力量薄弱,对食品添加剂的安全性不了解,误以为食品添加剂可以使用在任何食品中,从而造成了食品的质量问题。例如,我国规定干豆腐、香肠、冰棍中不准加入柠檬黄、胭脂红等合成色素,而这些色素却被一些企业添加到了以上食品中。另外,我国规定婴幼儿食品中不准添加人工合成色素、香精和糖精等,但个别企业仍违反此规定。这些都将会对消费者的健康造成威胁。

5 我国主要的食品添加剂有几类?

食品添加剂种类繁多,其数量和种类在不断变化。我国按功能不同,将食品添加剂分成了22大类,有2000多种,包括酸度调节剂、抗结剂、消泡剂、抗氧化剂、漂白剂、膨松剂、胶基糖果中基础剂物质、

着色剂、护色剂、乳化剂、酶制剂、增味剂、面粉处理剂、被膜剂、水分保持剂、防腐剂、稳定剂和凝固剂、甜味剂、增稠剂、食品用香料、食品工业用加工助剂、其他。

6 在我国，食品添加剂是如何管理的？

在我国，食品添加剂使用时具备3个条件：第一，必要性。食品加工若可以不用食品添加剂就不能加。第二，安全性。除了要进行严格的科学实验验证，至少有两个发达国家使用后证明安全可靠的食品添加剂，我国才会给予批准（少数例外）。第三，合法性。必须使用国家批准的食品添加剂。任何一种新的食品添加剂在使用前都要依据法规经过一系列毒理学实验和严格的审批手续后才能使用。相应的法规有《食品安全国家标准 食品添加剂使用标准》（GB 2760—2014）、《食品安全国家标准 复配食品添加剂通则》（GB 26687—2011）、《食品添加剂新品种管理办法》和《食品安全国家标准 预包装食品标签通则》（GB 7718—2011）等。

在我国，食品添加剂的相关事宜由国家卫生健康委员会和国家市场监督管理总局等共同进行监督。根据《食品安全法》和《食品添加剂卫生管理办法》的相关规定：国家卫生健康委员会主管全国食品添加剂的卫生监督管理工作，工作主要包括食品添加剂新品种和需

扩大使用范围或使用量的食品添加剂的审批、食品添加剂风险评估等。国家市场监督管理总局负责食品添加剂生产许可审批工作。

7 成为食品添加剂需要如何进行申请审批?

在我国,食品添加剂审批归政府管理,最高责任者为国家卫生健康委员会。我国对于未列入《食品安全国家标准 食品添加剂使用标准》(GB 2760—2014)或卫生行政部门公告名单中的食品添加剂新品种的审批程序是十分严格的,要求生产企业提供有关生产工艺、毒理学评价等材料,以确保食品添加剂的安全性。食品添加剂生产企业必须向企业所在地的省(直辖市、自治区)工业产品生产许可证主管部门申请,取得生产许可证后方可生产。

8 我国食品添加剂新品种的批准需要哪些手续?

我国一项食品添加剂新品种的批准,应由生产、应用单位及其主管部门提供生产工艺、理化性质、质量标准、毒理试验结果、应用效果(应用范围、最大应用量)等有关资料,由当地省(直辖市、自治区)的主管和卫生行政部门提出初审意见。对于技术上确有必要和使用效果较好的食品添加剂新品种,应当向社会公开征求意见,同时征求质量监督、工商行政管理、食品药品监督管理、工业和信息化、商务等有

关部门与相关行业组织的意见。对于有重大意见分歧或者涉及重大利益关系的,可以举行听证会听取意见。通过后的品种报国家卫生健康委员会和国家市场监督管理总局审核批准后发布。其中,毒理试验包括急性毒性试验、遗传毒性试验、亚慢性毒性试验和慢性毒性试验(包括致癌试验),以确保该添加剂低毒或无毒,无致畸、致癌、慢性中毒、遗传性毒性等。

9 我国涉及食品添加剂的法律法规有哪些?

涉及食品添加剂的法律法规较多,主要有《中华人民共和国刑法》《中华人民共和国食品安全法》《食品安全国家标准 食品添加剂使用标准》(GB 2760—2014)及国家卫生健康委员会等部门的公告等。

《中华人民共和国食品安全法》规定了食品添加剂的定义,食品添加剂的经营,食品生产经营者使用食品添加剂和食品相关产品范围,对食品、食品添加剂和食品相关产品的安全管理,对食品添加剂的安全风险监测和评估,食品添加剂的安全标准等。

《食品安全国家标准 食品添加剂使用标准》(GB 2760—2014)中规定食品生产经营者应当对生产加工的食品制定产品标准或者确定产品配方,按照规定的食品添加剂的使用原则、允许使用的食品添加剂品种、使用范围及最大使用量或残留量,规范使用食品添加剂。

10 食品添加剂新品种申报需要哪些材料?

申报材料有十四大类:申请表;原料名称及其来源;化学结构及理化特性;生产工艺;省级以上行政部门认定的检验机构出具的毒理学安全性评价报告、连续三批产品的卫生学检验报告;使用微生物生产食品添加剂时,必须提供卫生行政部门认可的机构出具的菌种鉴定报告和安全性评价资料;使用范围及使用量;试验性使用效果报告;食品中该种食品添加剂的检验方法;产品质量标准或规范;产品样品;标签(含说明书);国内外有关安全性资料及相关国家允许使用的证明文件或资料。

11 我国食品添加剂生产经营的主要监管制度有哪些?

在安全性评价和标准方面,制定了《食品添加剂新品种管理办法》《食品添加剂新品种申报与受理规定》《食品安全国家标准 食品添加剂使用标准》(GB 2760—2014)。

此外,还制定了《食品添加剂生产监督管理规定》《食品添加剂生产许可审查通则》《餐饮服务食品安全监督管理办法》《餐饮服务食品安全监督抽检规范》等。

12 我国食品添加剂监管的职责分工如何?

根据现行《食品安全法》及其实施条例的规定和行政部门职责分工,国家卫生健康委员会负责食品添加剂的安全性评价和食品安全国家标准的制定,负责餐饮服务环节使用食品添加剂的监管;国家市场监督管理总局负责食品添加剂生产和食品生产企业使用食品添加剂的监管、流通环节食品添加剂质量的监管;农业部门负责农产品生产环节的监管;商务部门负责生猪屠宰的监管;工信部门负责食品添加剂行业的管理、产业政策的制定和指导生产企业诚信体系建设。

13 我国食品添加剂的安全性评价由谁来管理?

我国建立了食品添加剂监督管理和安全性评价法规制度,规范了食品添加剂的生产经营和使用管理。食品添加剂的安全性评价由国家食品安全风险评估中心严格审查,并公开向社会及各有关部门征求意见,确保其技术必要性和安全性。

14 食品添加剂的安全性是如何确定的?

提到食品添加剂,最重要的因素就是其安全性。安全性是指使用某种物质不会产生毒害的实际必然性。食品添加剂若超过规定量使用，可能会产生毒害作用，因此必须进行动物试验研究，在确定该物质毒性的基础上考虑其在食品中安全无害的最大使用量，并采取法律措施保护消费者免遭危害。我国目前使用的食品添加剂都有充分的毒理学评价，并且符合国家标准，因此只要其使用范围、使用方法与使用量符合《食品安全国家标准 食品添加剂使用标准》(GB 2760—2014)，那么其安全性是有保证的。

15 我国对食品添加剂的使用量是如何规定的？

《食品安全国家标准 食品添加剂使用标准》(GB 2760—2014)对我国食品添加剂的使用量都进行了规定。它是经食品安全国家标准审评委员会审查通过的。对一种食品添加剂而言，一个人一天之内摄入的量是有限的，因而在每种食品里面可以添加的食品添加剂的量也是有限的，在《食品安全国家标准 食品添加剂使用标准》(GB 2760—2014)中规定了每种食品添加剂的最大使用量，即食品添加剂使用时所允许的每日最大使用量(E)，其单位一般为 g/kg。另外，我们总会看到一个值：每日允许摄入量(ADI)，指人类每日摄入的某种物质(食品添加剂等)对健康无任何已知不良效应的剂量，以 1kg 体重可摄入的量表示，单位为 mg/kg。

16 什么是食品添加剂的使用原则？

食品添加剂的使用原则包括四部分。

第一，食品添加剂使用的基本要求有：①不应对人体产生任何危害；②不应掩盖食品本身或加工过程中的质量缺陷；③不应为掩盖食品腐败变质或掺杂、掺假、伪造而使用食品添加剂；④不应降低食品本身的营养价值；⑤在达到预期的效果下，尽量减少在食品中的用量；⑥食品工业用加工助剂一般应在制成成品之前除去，规定在食品中可残留的除外。

第二，在下列情况下可使用食品添加剂：①保持食品本身的营养价值；②作为某些特殊膳食用食品的必要配料或成分；③提高食品的质量和稳定性，改进其感官特性；④便于食品的生产、加工、包装、运输或者贮藏。

第三，食品添加剂的质量标准为：按照《食品安全国家标准 食品添加剂使用标准》（GB 2760—2014）使用的食品添加剂应当符合相应的质量规格要求。

第四，带入原则：在下列情况下，食品添加剂可以通过食品配料（含食品添加剂）带入食品中。①根据按照《食品安全国家标准 食品添加剂使用标准》（GB 2760—2014），食品配料允许使用该食品添加剂；②食品配料中，该添加剂的用量不应超过允许的最大使用量；③应在正常生产工艺条件下使用这些配料，并且食品中该添加剂的含量不应超过由配料带入的水平；④由配料带入食品中的食品添加剂的含量应明显低于直接将其添加到食品中通常所需要的含量。

17　食品添加剂的使用品种和使用范围是一成不变的吗？

《食品安全国家标准 食品添加剂使用标准》（GB 2760—2014）中的食品添加剂品种和用量的确定都是有科学依据的，经过系统的毒理学评价和严格的风险评估，这些措施都确保所使用的食品添加剂是安全的。随着科学技术的发展、食品加工技术的进步，某种食品添加剂在食品加工中失去使用的意义，国家食品添加剂监督管理部门就会采取相应的措施，规定非必要时停止使用，如停用面粉增白类添加剂过氧化苯甲酰和溴酸钾等品种。这说明食品添加剂的使用品种和使用范围并不是一成不变的。

18 什么叫食品添加剂的残留量？为什么一些食品添加剂既规定了最大使用量，又规定了残留量？

食品添加剂的残留量是指食品添加剂或其分解产物在最终食品中的允许残余水平。因为有些食品添加剂在食品的加工过程中会分解，如漂白剂亚硫酸盐、亚硝酸盐等具有较强氧化性或还原性的物质在分解过程中产生二氧化硫、一氧化氮等，它们或者排放到空气中，或者与食物结合了，所以添加量不能代表添加剂在食品中的实际含量，用残留量和添加量两个指标来约束食品添加剂的使用量更加科学。对于那些毒性相对较大的食品添加剂有时也规定残留量，且残留量比添加量要小很多，这样才能保证食品的安全性。

19 食品标签中的食品添加剂是如何标示的？

食品标签上的食品添加剂标示基本要求有：①应符合国家法律法规的规定，以及相应产品标准的规定。②应清晰、醒目、持久，易于辨认和识读。③应真实、准确，不应以虚假、夸大、使食品添加剂使用者误解或欺骗性的文字和图形等方式介绍食品添加剂，也不应利用字号大小或色差误导食品添加剂使用者。④不应采用违反《食品安全国家标准 食品添加剂使用标准》(GB 2760—2014)中食品添加剂使用原则的语言文字介绍食品添加剂，也不应以直接或间接暗示性的语言、图形、符号引导食品添加剂的误用。⑤不应以直接或间接暗示性的语言、图形、符号误导食品添加剂使用者将购买的食品添加剂或食品添加剂的某一功能与另一产品混淆，不应含贬低其他产品(包括其他食品和食品添加剂)的内容。⑥不应标注成暗示食品添加剂具有预防、治疗疾病作用的内容。⑦食品添加剂的标示文字应符合《食品安全国家标准 预包装食品标签通则》(GB 7718—2011)中的规定。⑧多重包装的食品添加剂标签的标示形式应符合《食品安全国家标准 预包装食品标签通则》(GB 7718—2011)中的规定。⑨如果食品添加剂标签内容涵盖了《食品安全国家标准 预包装食品标签通则》(GB 7718—2011)规定应标示的所有内容,可以不随附说明书。

20 食品原料、食品配料和食品添加剂有何区别?

食品原料是指用于食品加工的所有材料,可分为食品主料、食品配料两大类。食品主料是指食品加工中用量较大、未经深加工过的农副产品,主要包括糖、面、油、肉、蛋、奶等。食品配料是指处于次要地位或辅助地位的原料,主要包括果仁、调味品、装饰性配料等。在许多情况下,主料和配料是不能严格区分的,例如芝麻在一些糕点中是配料,而在芝麻酱中又是主料。

食品添加剂是指为改善食品的色、香、味等品质以及为满足防腐和加工工艺的需要而加入食品中的化学合成或天然物质,如着色剂、乳化剂、增稠剂、防腐剂等。食品添加剂与食品原料的区别是:食品添加剂的使用范围和使用量应按《食品安全国家标准 食品添加剂使用标准》(GB 2760—2014)严格执行,一般都不能单独作为食物来食用。

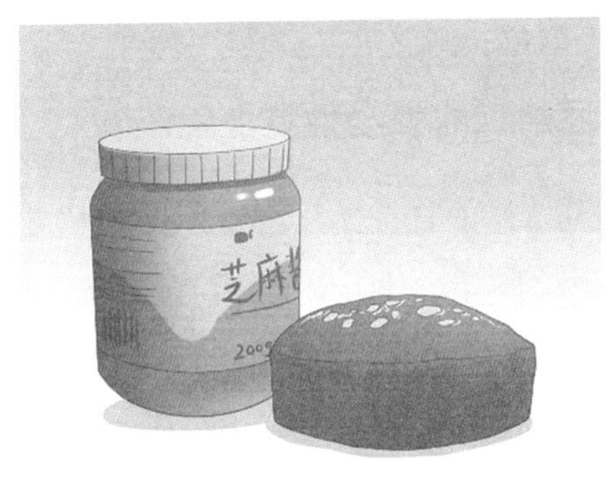

21 什么是食品工业用加工助剂？

食品工业用加工助剂就是有助于食品加工顺利进行的各种物质。这些物质与食品本身无关，如助滤、澄清、吸附、润滑、脱模、脱色、脱皮、提取溶剂、发酵用营养物质等。食品工业用加工助剂的特点为：一般在食品中应被除去而不应成为最终的食品成分，或仅有少量残留；在最终产品中没有任何工艺功能；不需在产品成分中标明。

22 食品添加剂有保质期吗？

食品添加剂是有保质期的。食品添加剂若过期了仍在使用，那么对提高食品品质的效果就没有那么好，甚至有些还有毒，对人的身体健康造成危害。因此，变质的、过期的食品添加剂就不要使用了。使用食品添加剂必须严格按照国家标准，遵守国家《食品安全法》等。

23 食品添加剂的安全性有保障吗？

随着人们生活水平的日益提升，人们对食品的要求越来越高，越来越追求色、香、味、形等，为此，商家往往会在食品中加入一些食品添加剂。对于所加入的食品添加剂的安全性，只要是在国家许可的范围内按照国家标准使用的，那么它的安全性是有保障的。适当使用食品添加剂不仅对人的身体无害，而且还有助于排除影响人体健康的不利因素。

24　食品添加剂怎样使用会不安全?

任何一种食品添加剂,只要是经国家卫生部门批准,产品本身质量符合国家标准(或行业标准),且在使用过程中不滥用,就是安全的。但是,若不能遵守以上要求,在以下几种情况下可能存在隐患。①超范围使用;②超标准使用;③同一种添加剂复合添加引起的超标准使用;④没有告知的使用;⑤有意隐藏的食品添加剂配方;⑥为掩盖食品的缺陷、掩盖食品腐败变质等情况使用;⑦以掺杂、掺假、伪造为目的而使用;⑧使用不符合食品添加剂质量标准的食品添加剂;⑨使用过期的食品添加剂。

25　不加食品添加剂的食品会更安全吗?

在现代社会,我们往往会看到有一些食品如此宣传:“本品不含有某某添加剂”。消费者因此认为它们更健康,于是欣然购买。难道不含有食品添加剂的食品会更安全吗?

在很多情况下,如果没有合适的食品添加剂,加工食品未必会更安全。就拿方便面来说,油脂在空气中放十来天就会因为氧化而产生哈喇味,而油炸方便面的保质期一般是半年。这是为什么?因为其中有抗氧化剂。油脂在空气中氧化是自然现象。如果不想办法遏制氧化问题，就会产生大量有害健康的物质，还有什么吃的价值呢？

影响食品安全的因素主要是三个方面：①生物性危害，包括一些微生物；②化学性危害，包括食品中的农药残留、食品添加剂等；③物理性危害，主要是食品中的金属、玻璃等。这也就意味着，食品添加剂只是影响食品安全的因素之一。因此，不加食品添加剂的食品并不一定是更安全的，有时，使用食品添加剂反而会使食品更安全。

26 食品添加剂与非食用原料有本质区别

食品添加剂具有改善风味、保鲜防腐及作为营养补充剂的作用，在加工制作过程中按照食品级别要求使用。对非食用原料而言，首先，它往往是化工产品或原料，含有很多重金属等有毒物质，对人体致癌致畸致突变等，后果不堪设想；其次，它不能改善食品的营养及风味，不法商家利用其在食品中产生的效果误导消费者，如使用孔雀石绿、苏丹红等后产生鲜艳的颜色，严重威胁人民群众的健康。两者的区别是：食品添加剂是在《食品安全国家标准 食品添加剂使用标

准》(GB 2760—2014)中规定的,而非食用原料不在此标准范围内,法律法规规定是不能用于食品的,否则即是犯罪行为。

27　我国使用食品添加剂的历史悠久

自古至今,谁都知道“人以食为天”。我国使用食品添加剂历史悠久,可以追溯到6000千多年前的大汶口文化时期,那时,中国人已经知道了酿酒的方法,酿酒用的酿酒酵母中的转化酶就是食品添加剂的一种。在古代《食经》等书中就对食品的加工有了记载。如用盐卤和石膏点豆腐,盐卤就是氯化镁和氯化钙的混合物;南宋时期制作油条时使用一矾二碱三盐,其中一矾就是明矾,二碱分别是面碱和面起子,化学名称就是碳酸钠和碳酸氢钠,它们就是现代的食品添加剂;古代还用桂皮、茴香调香等。

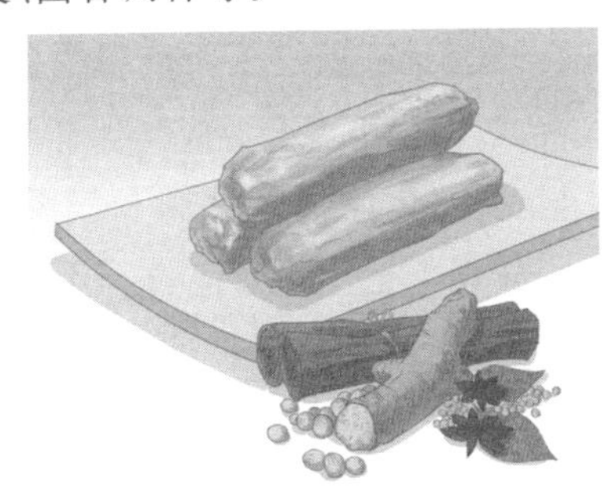

28　儿童食品中含食品添加剂吗?

如今市场上的儿童食品可谓是七彩斑斓!各色糖果、柔软香甜的果冻、口感鲜甜的饮料、松脆的薯片都深得孩子们的喜爱。经研究发现,现在儿童出现的多动症、早熟等与儿童的饮食有很大关系。而为了吸引孩子的眼球,儿童食品过分追求外观漂亮、口味多变,往往在食品中加入很多的食品添加剂。例如,一些五颜六色的软糖里面就加入了许多食品添加剂,包括色素、食品用香料、酸度调节剂、增稠剂等。虽然使用的这些添加剂是在标准范围内,但为了孩子的健康,还是要加强对儿童食品的监管，并且建议少给孩子吃这些添加了各种食品添加剂的食品。

29 出口的食品中含食品添加剂吗？

我国出口的食品中也是会有食品添加剂的。相关的法律法规的约束保障了出口食品的安全性，规定了所使用的食品添加剂要在包装标签上予以说明。出口食品生产企业应当保证其出口食品符合进口国家(地区)的标准或者合同要求。若进口国家(地区)无相关标准且合同未有要求的，应当保证出口食品符合中国食品安全国家标准。出口食品生产企业和出口食品原料种植、养殖场应当向国家出入境检验检疫部门备案。

30 我国出口的食品添加剂品种有多少？

随着现代食品工业的崛起，食品添加剂的地位日益突出，世界各国批准使用的食品添加剂品种也越来越多，其使用水平已成为该国现代化程度的主要标志。我国是食品添加剂的生产、消费和出口大国，目前已经建立了较为完备的食品添加剂加工生产体系。我国目前有食品添加剂生产企业 1000 多家，其中有不少企业在产量、技术上都处于国际领先地位。我国出口的食品添加剂品种已有 2000 多种，其中总产量的 1/3 左右用于出口。我国食品添加剂的出口地域广泛，主要目的国包括美国、欧盟、印度、日本、韩国等。

31　焙烤薯片配料表里的食用香精、二氧化硅、甜菊糖苷、碳酸氢铵、单(双)甘油脂肪酸酯等成分是食品添加剂吗？不用行吗？

这些当然是食品添加剂。在生产制作中，若没有这些食品添加剂，就做不出优质、合格的产品来，它们都有自己的作用。例如，在焙烤薯片里，加入的食用香精、甜菊糖苷可以增加薯片的香味，提升薯片的口感；二氧化硅可以防止粉末状的物质因水分不断被吸收而聚集成块，具有疏松作用；碳酸氢铵也有膨松作用；单(双)甘油脂肪酸酯具有乳化等作用。

32　软糖中有多种食品添加剂，少用几种不好吗？

现在市场上色彩斑斓、各式各样的软糖深受人们的喜爱。为了吸引人们的眼球，追求外观漂亮、口味多变，生产企业往往在其中加入十几甚至二十几种食品添加剂，如明胶、果胶、琼脂、山梨醇糖、乙酰化双淀粉己二酸酯、柠檬酸、柠檬酸钠、柠檬黄、日落黄、诱惑红、亮蓝、苋菜红、焦糖色、胭脂红、二氧化钛、食用香精等。这些食品添加剂都有各自的作用，若少用几种，可能会影响软糖的风味口感和外观色泽。需要注意的是，软糖中有这么多食品添加剂，虽然是有安全保障的低毒、无毒或基本无毒的，但我们仍要少吃。

33 油条不能多吃？

油条是一种古老的面食，口感松脆、有韧劲。油条属于高温油炸食品，制作时油温达190℃，并且油是反复使用的，会造成油脂老化、色泽变深、黏度变大，异味增加，油脂中所含的各种营养物质（如必需脂肪酸、维生素等成分）基本或全部被氧化破坏，不饱和脂肪酸发生聚合，形成二聚体、多聚体等大分子化合物，这些物质不易被机体消化吸收，影响人体正常发育，降低人体机能。此外，油条中含有铝元素，铝是一种低毒、非必需的微量元素，是引起多种脑部疾病的重要因素。它是多种酶的抑制剂，能影响蛋白质合成等，使精神状态日趋恶化。因此，长期过量摄入铝可导致阿尔茨海默病。因此，油条不建议经常食用，但为调剂口味，偶尔吃几次对身体无妨。

34 什么是食物的化学性危害？

食物的化学性危害是指将化工用品用于食物的生产加工中，对人体造成极度伤害。食品添加剂使用不当会造成化学性危害，危及人们的身体健康。食物的化学性危害也可以来自生产、生活和环境中的污染物，如农药、有害金属、多环芳烃化合物、*N*-亚硝基化合物、二噁英等；从生产加工、运输、贮存和销售工具、容器、包装材料及涂料等进入食物中的原料材质、单体及助剂等物质；在食物的加工贮存中产生的物质，如酒类中有害的醇类、醛类等。例如苏丹红一号用于食物加工事件就属于食物的化学性危害。

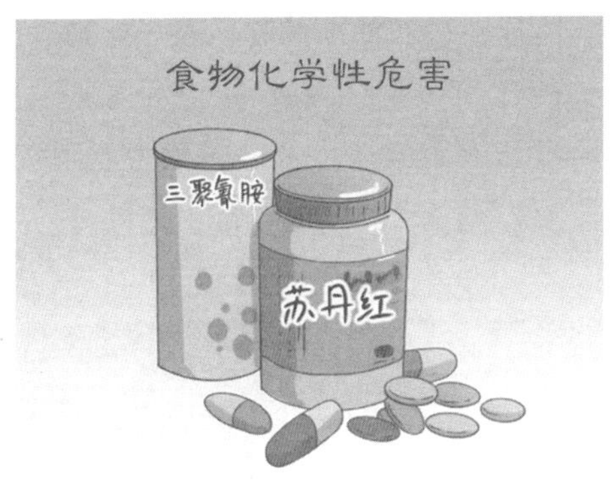

35　食物中的亚硝酸盐是从哪来的?

亚硝酸盐主要存在于食用硝酸盐或亚硝酸盐含量较高的腌制肉制品、泡菜及变质的蔬菜中。硝酸盐和亚硝酸盐广泛存在于自然界的土壤及水域。一些植物体内也含有硝酸盐，不同的品种含量不同。如绿色蔬菜中的甜菜、莴苣、菠菜、芹菜及萝卜等硝酸盐含量都比较高。这是由农作物栽培时使用含氮农药、含氮肥料造成的。例如咸菜和泡菜也可产生亚硝酸盐，但亚硝酸盐含量的高峰出现在腌制第七天，若半个月后食用，则其中的亚硝酸盐会大大减少。蔬菜中的亚硝酸盐是由蔬菜中的硝酸盐转化而来的，转化条件主要是细菌生长。

36 强烈致癌物亚硝胺是哪来的?

在自然界中,生成亚硝胺的前体物质——亚硝酸盐、硝酸盐和胺类在食物中普遍存在。亚硝酸盐很容易与氨化合,生成亚硝胺。在人体胃的酸性环境里,亚硝酸盐也可以转化为亚硝胺。但绝大部分亚硝酸盐在人体中像“过客”一样随尿排出体外,只是在特定条件下才转化成亚硝胺。

亚硝胺是强致癌物,是四大食品污染物之一。食品、化妆品、香烟中都含有亚硝胺。熏腊食品中含有大量的亚硝胺类物质。某些消化系统肿瘤,如食管癌的发病率与膳食中摄入的亚硝胺数量相关。当熏腊食品与酒共同摄入时,亚硝胺对人体健康的危害就会成倍增加。

37 食品中能不用食品添加剂吗?

随着社会的发展,现代食品工业也迅猛发展,从而推动了食品添加剂产业的发展。而食品添加剂对食品工业的发展起着关键作用,可以说现代食品工业是离不开食品添加剂的。在日常生活中,食品添加剂无处不在。我们一天可能摄入几十种食品添加剂。如一瓶好的啤酒里就含有十几种食品添加剂;一块美味可口的蛋糕,如果没有蛋糕油,制作起来就会非常困难;超市里五颜六色的糖果,若是没有色素,很难想象这些美丽的色彩从何而来;有了乳化剂,才能吃到爽口清凉的冰淇淋；有了甜味剂，才有低糖、低热量的产品……总之，我们的生活离不开食品添加剂，几乎所有食品中都有食品添加剂。

38　发达国家的食品中使用食品添加剂吗？

发达国家的食品也使用食品添加剂。事实上，食品添加剂在现代食品工业中已经成为不可或缺的“成员”，世界各国都在普遍使用。许多西方发达国家在对食品添加剂的管理和控制方面积累了不少宝贵经验，值得我们借鉴。

39　有些食品包装上写“本品不含任何防腐剂”，是真的吗？

我们往往会在有些食品包装上看到“本产品不含防腐剂”的字样，那么该食品就真的不含防腐剂了吗？答案是肯定的。食品中添加防腐剂是为了抑制微生物生长，防止食品腐败变质，从而延长食品的保质期。除了加防腐剂，还有许多方法可以抑制微生物生长。例如，巴氏杀菌鲜牛奶是经过85℃低温加热处理的生鲜牛奶，由于杀菌温度不高，在杀死有害菌的同时，能最大限度地保留牛奶中的营养活性物质。对于无菌奶，通常在135～150℃的高温条件下进行4～15s的瞬间灭菌处理，是不添加防腐剂的。

40 有些欧盟国家已经停止使用的一些食品添加剂品种，我国为何还在使用？

世界上不同国家对食品添加剂的定义各有不同，各个国家都是根据自己的要求和理解对食品添加剂做了规定，并且都做了一系列科学风险分析和安全性评价。因而，一些欧盟国家已经停止使用的食品添加剂品种，我国仍可以使用。同样的，一些外国禁止使用的食品添加剂，另一些国家却还在使用，比如竹叶抗氧化剂、茶绿色素、茶黄色素等。

41 美、日、欧及国际组织批准使用的食品添加剂在我国都可以使用吗？

并非美、日、欧及国际组织批准使用的食品添加剂在我国就都可以使用。我国有自己的审批程序，没有通过我国审批的物质是不能

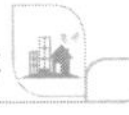

成为食品添加剂的。比如，过氧化苯甲酰（面粉增白类添加剂）在某些国际标准以及美国、加拿大、澳大利亚、新西兰标准中都可以使用，而在我国是禁用的。

42 假如没有食品添加剂，超市货架上还有琳琅满目的包装加工食品吗？

在逛超市时，我们总可以看到货架上琳琅满目的食品：散发着奶香的糕点、鲜艳欲滴的饮品、美味可口的薯片……那么，这些食品都是怎么制作的呢？它们都离不开食品添加剂。说起食品添加剂，人们总认为这不是天然的东西，添加在食品中被人体吸收后，对身体健康不好，此外还经常有新闻报道说某产品中某种添加剂含量超标，影响人体健康，以致很多人一谈起食品添加剂就产生抵触情绪。其实这是对食品添加剂的曲解，正所谓万事皆有度，只要在标准规定的正常范围内使用，是不会对人体造成伤害的。国家食品添加剂安全使用标准明确规定了食品添加剂的使用种类及在食品中的含量标准，只要生产商严格按照国家标准执行，我们可以放心食用。

若没有食品添加剂，超市里不会有这么多琳琅满目的食品，我们也吃不到许多美味食品。

超市里琳琅满目的商品都是严格按照国家标准生产的，可以放心食用。

43 哪些食品添加剂不准用于儿童食品？

儿童特别是婴幼儿的免疫系统发育尚不成熟，所以我国规定2岁以内婴幼儿食品中禁止添加除营养强化剂之外的任何食品添加剂。家长们也不要随意给婴幼儿购买饮料、水果制品、糖果、点心等，除非是专门制作的婴幼儿食品。

正处于生长发育期的儿童，代谢功能尚未完全发育成熟，不宜多吃含有很多食品添加剂的食物。商家为了吸引儿童消费者，在外观、香气、口感上下足了功夫，例如许多儿童食品中含有糖精、食用香精、食用色素。儿童如果习惯了这些因加入各种添加剂而变得色彩艳丽、浓香美味的食品，就很难再接受天然食物的质朴风味了，容易引发偏食，对生长发育是很不利的。因此，家长们在选择儿童食品时，应尽量选择新鲜的天然食品，少买或不买食品添加剂含量高的食品。

44 双氧水能用于食品加工吗？

《食品安全国家标准 食品添加剂使用标准》(GB 2760—2014)规定：双氧水(即过氧化氢)可作为食品工业用加工助剂，而且可以在各类食品加工过程中使用，残留量不需要限定。因此，食品级双氧水是可以用于食品加工的。这也就意味着鸡爪子、开心果等将来都可以使用食品级双氧水来漂白、消毒等。

45 食品添加剂的四大毒性检验有哪些？我国批准的食品添加剂的生产是否要全部完成四大毒性检验？

食品添加剂的四大毒性检验有：①急性毒性试验；②遗传毒性试验；③亚慢性毒性试验；④慢性毒性试验(包括致癌试验)。

我国批准的食品添加剂并非要全部完成这四大毒性检验。完成四大毒性检验需要花大量的钱和三年左右的时间，许多企业承受不起高额的费用和漫长的等待。因此,我国不需要完成全部的四个阶段的毒性试验。例如,对于不需要规定每日允许摄入量者,只要求完成急性毒性试验和两项致突变试验即可。

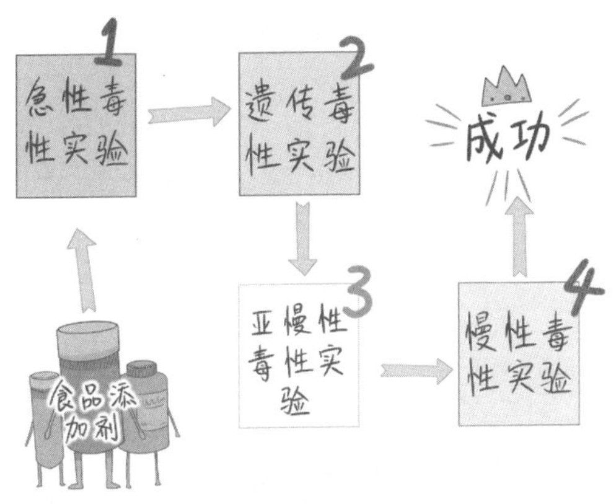

46　半数致死量是什么意思?

半数致死量(LD_{50})表示在规定时间内,通过指定感染途径,使一定体重或年龄的某种动物半数死亡所需的最小细菌数或毒素量。在毒理学中,LD_{50}是描述有毒物质或辐射的毒性的常用指标。按照医学主题词表的定义,LD_{50}是指“能杀死一半试验总体之有害物质、有毒物质或游离辐射的剂量”。它也是食品添加剂毒性大小的重要指标。

如果想了解一种食品添加剂的毒性大小,看 LD_{50}是最直接的。如果 LD_{50}大,说明毒性小,反之则毒性大。例如,我们每天都要吃的食盐(化学名称氯化钠)的 LD_{50} = 3000mg/kg。如果一种食品添加剂的 LD_{50}大于 3000mg/kg,则可以认为它的毒性比食盐低。

47　怎样理解食品添加剂的毒性?

物质是否会对人体造成伤害,取决于摄入的量,若超过人体的最大承受能力，则有害。食品添加剂由于使用剂量、对象、方法不同，则可能是毒物，也可能是非毒物，甚至是营养物质。例如，亚硝酸盐对正常人来说是毒物，但对氰化物中毒者则是有效的解毒剂。

48 食品添加剂中有剧毒品吗？

食品添加剂中不存在剧毒品，但个别添加剂有中等毒性。例如，亚硝酸盐（$LD_{50}=220mg/kg$）就是中等毒性物质；日常生活中常吃的醋、食盐属于低毒性物质，一半以上的食品添加剂是无毒或实际无毒的物质。

49 食品添加剂的毒性是怎么分级的？

食品添加剂的毒性是根据 LD_{50} 来分级的，LD_{50} 的数据是通过大白鼠试验得到的。通常把食品添加剂的毒性分为 6 个级别。大白鼠经口的 LD_{50} 毒性分级见下表。

大白鼠经口的 LD_{50} 毒性分级表

毒性级别	LD_{50}/(mg/kg)	对人的致死剂量/[g/人(体重60kg)]
极剧毒	≤1	0.05
剧毒	1~50	0.5
中等毒	50~500	5
低毒	500~5000	50
实际无毒	5000~15000	500
无毒	≥15000	2500

50　如果一种食品添加剂的 LD_{50} 很大，这种添加剂一定是安全的吗？

LD_{50} 大，并不能说明这种添加剂就一定是安全的。LD_{50} 是十八项毒理学评价的其中一项，它只是急性中毒的指标，不能代表食品添加剂综合毒性的大小，例如不能代表食品添加剂的致癌性、致畸性等。

51　食品添加剂的每日允许摄入量的含义

食品添加剂的每日允许摄入量（ADI）是指人或动物每日摄入某种化学物质（食品添加剂）对健康无任何不良效应的剂量。ADI 以相当人或动物 1kg 体重的质量数表示，单位一般是 mg/kg。

52　什么样的食品添加剂不用规定 ADI？

有些食品添加剂没有规定 ADI，是因为已有资料可以表明这种添加剂是无毒性的，且一般而言通过膳食摄入的总量对人体健康不产生危害，则可不规定具体ADI。

53 什么样的食品添加剂需制定“暂定ADI”？

当某种食品添加剂的安全资料有限，或根据最新资料对已制定ADI的某种物质的安全性提出质疑，如要求进一步提供所需安全性资料的，有充分的证据显示短期内使用该物质是安全的，但又不足以确定长期食用安全性时，可制定“暂定ADI”，并使用较大的安全系数，还需规定“暂定ADI”的有效期限。若在此期间经毒理学试验充分证明该受试物是安全的，“暂定ADI”可以改为ADI值。

54 什么是食品添加剂的最大使用量？

在《食品安全国家标准 食品添加剂使用标准》（GB 2760—2014）中，食品添加剂的最大使用量（E）指使用时所允许的最大添加量，单位一般为g/kg或mg/kg。例如，苯酸钾在碳酸饮料中的最大使用量为0.2g/kg，在酱油、醋中的最大使用量是1.0g/kg。

55 一种食品添加剂在食品中允许的最大使用量是怎么制定的？

食品添加剂的最大使用量（E）的制定不仅要以其毒理学评价为基础，还要考虑食品添加剂使用情况的实际调查结果。通过人群膳食调查，摸清普通膳食中含有该添加剂的各种食品的每天摄入量，然后计算出每种食品中该添加剂的最大使用量。

一般情况下，各国食品添加剂的最大使用量都是采用世界卫生组织食品添加剂联合专家委员会（JECFA）推荐的“丹麦预算法”来推算的，即最大使用量 = ADI × 40。那么，苯酸钾在食品中的最大使用量就是5mg/kg × 40 = 200mg/kg。

56　什么是食品添加剂的每日允许摄入总量?

食品添加剂的每日允许摄入总量(*A*)是指不同的个人可以摄入某种食品添加剂的量。ADI是以体重为基础来表示的每人每日允许摄入量,则成人的每日允许摄入总量 = ADI × 平均体重。

57　对食品用香料类食品添加剂安全性的评价方法

食品用香料品种有很多,化学结构很不相同,而用量很小,在评价时可参考国际组织与国外的资料和相关规定,分别确定需要进行的试验。

①凡属世界卫生组织已建议批准使用或已制定的每日摄入量,以及世界香料生产者协会、欧洲理事会、国际香料工业组织等国际组织中的两个或两个以上允许使用的,参照相关资料或规定进行评价。

②凡属资料不全或只有一个国际组织批准使用的,先进行急性毒性试验和致突变试验中的一项,经初步评价后,再决定是否需要进行下一步试验。

③凡属无资料可查、未经国际组织允许使用的,先进行第一、二阶段毒性试验,经初步评价后,再决定是否需要进行下一步试验。

④凡属用动物、植物可食部分提取的单一、高纯度天然香料,如

其化学结构及有关资料并未提示具有不安全性的，一般不要求进行毒性试验。

58 食品用香料被贴上“GRAS”标签代表什么？

“GRAS”是美国 FDA 评价食品添加剂的安全性指标。香料是天然植物或经萃取的方法提取出来的呈香类物质。并不是所有香料都是安全的。香料在用于食品调香时，也要进行安全性评价。如果一种香料被作为食品添加剂，就会被打上“GRAS”标签，有了这个标签，就说明这种香料通常被认为是安全的。

第六章 食品添加剂“被诬陷”案例剖析

老百姓为什么会“谈食品添加剂色变”？因为食品添加剂经常会因为其他食品安全事件而被诬陷，食品添加剂不等于非法添加物，老百姓要擦亮眼睛加以识别。为严厉打击食品生产经营中违法添加非食用物质，滥用食品添加剂，饲料、水产养殖中使用违禁药物，国家卫生健康委员会、农业农村部等部门不断更新非法使用物质名单，至今已公布151种食品和饲料中非法添加物名单，包括47种可能在食品中“违法添加的非食用物质”、22种“易滥用食品添加剂”、82种“禁止在饲料、动物饮用水、畜禽水产养殖过程中使用的药物和物质”的名单。例如，使用苏丹红、碱性嫩黄、美术绿、玫瑰红为食品“化妆”；为使凉粉、凉皮口感筋道，使用轻则使人呕吐、重则致癌致死的硼酸硼砂；为驱赶苍蝇、防止火腿生虫生蛆，在火腿制作过程中大量使用

敌敌畏。此外，还有不少非食用物质出现在养殖环节。比如，养猪时用镇静剂，目的是让猪少运动多长膘，而镇静剂残留在猪肉里，人吃了会产生副作用，如恶心、呕吐、口舌麻木等。如果残留的量比较大，还可能出现心动过速、呼吸抑制，甚至有短时间的精神失常。这类非法添加行为性质恶劣，对人类身体健康危害大，涉嫌生产销售有毒有害食品等犯罪，依照法律要负有刑事责任，对于造成严重后果的，甚至判处死刑。

1 苏丹红工业添加剂事件

苏丹红学名苏丹，属于化工染色剂，在工业生产中常与石油、机油和一些工业溶剂混合在一起，起到增色的作用，且不容易褪色，加在食品中让人产生强烈的食欲。那么苏丹红是食品添加剂吗？

其实苏丹红是一种化学染色剂，并非食品添加剂。它的化学成分中含有萘，该物质具有偶氮结构，使它具有致癌性，对人体的肝、肾器官具有明显的毒性。曾经发生的苏丹红工业添加剂事件就是把非食品添加剂添加到食品当中，这纯属是因为黑心厂商违法牟取暴利，与食品添加剂毫无关系。

2　某婴幼儿奶粉转基因事件

曾有新闻报道某一跨国公司生产的婴幼儿奶粉中添加激素类物质,造成婴幼儿早熟。某第三方组织的检测显示:该公司的奶制品和婴幼儿食品大都含有不明基因的原料,也就是说,这些食品可能是转基因食品。此次食品安全事件是非法使用转基因食品导致的,不是添加某些食品添加剂引起的。

3　奶粉碘超标事件

某省在抽查某公司奶粉时发现,1000g 奶粉中碘含量达到 191.6μg,超过其产品标签上标明的上限值 41.6μg。调查发现,这是原料奶里面的碘波动造成的。据介绍,在加工该奶粉的过程中,工厂会往原料奶中添加一定量的配方粉,这种配方粉包含了各种微量元素和营养成分。如果原料奶本身碘含量偏高,那么在添加配方粉后就会造成碘超标。而在随后的调查中发现,为了保证奶牛的健康,奶牛的饲料里会添加一些碘盐,再加上饲料、饮水中碘含量的不断变化,就会造成原料奶中的碘含量的波动。过量食用碘会造成甲状腺肿大等,且儿童比成人更容易因碘过量导致甲状腺肿大,家长应当引起高度重视。

碘属于营养强化剂,按照《食品安全国家标准　食品营养强化剂使用标准》(GB 14880—2012),我国规定婴幼儿配方乳粉中的碘含量为20～60mg/kg。因此，此次事件与食品添加剂无关。

4 "巨能钙"含过氧化氢事件

某媒体以巨能钙产品中含双氧化氢而可能致癌为由，刊登题为《消费者当心，巨能钙有毒》的报道。联合国粮食及农业组织、世界卫生组织联合食品添加剂专家委员会的安全性评估和国际癌症研究中心的研究结果表明，尚无足够证据认定过氧化氢是致癌物。我国香港特别行政区政府食物环境卫生署曾对过氧化氢残留量高达1.5％的鱼翅进行评价，但无足够证据表明过氧化氢具有致癌性。过氧化氢本身并不稳定，在搅动、加热或光照后容易分解成水和氧气，我国和国际上其他国家（地区）均未制定固体食品中过氧化氢的测定方法。由于工艺要求，"巨能钙"在生产过程中需要添加过氧化氢进行消毒，受到技术限制，最终产品中会带有一些过氧化氢，所以过氧化氢是作为食品工业用加工助剂加入食品中的。食品工业用加工助剂属于食品添加剂，在《食品安全国家标准 食品添加剂使用标准》（GB 2760—2014）中规定，食品工业用加工助剂是一类保证食品加工能顺利进行的各种物质，与食品本身无关，如助滤、澄清、吸附、润滑、脱模、脱色、脱皮、提取溶剂、发酵用营养物质等。

该事件虽与食品添加剂相关，但只要按照国家标准规范使用食品工业用加工助剂，风险较小，不会造成食品安全问题。

5　广州毒酒事件

据报道，广州某不法商人私自使用工业酒精勾兑假酒出售，导致4人死亡、5人轻微伤。工业酒精里含有甲醇、醛类、有机酸等杂质，因而具有较大的毒性。饮用工业酒精会引起中毒，甚至死亡。我国明令禁止使用工业酒精生产各种酒类，但由于工业酒精生产成品很低，常有不法商家铤而走险。工业酒精不是食品添加剂，所以该广州毒酒事件也与食品添加剂无涉。

6　某品牌拉面事件

某网友发帖举报称，某品牌拉面里的丙二醇和山梨糖醇使用量超出国家允许值的20倍，其中丙二醇添加量达4.2％，山梨糖醇添加量为4％。相关职能部门还证实，某品牌拉面因违规在面料中添加食品添加剂被处罚78万元。国家《食品安全国家标准　食品添加剂使用标准》（GB 2760—2014）中规定，食品添加剂山梨糖醇（液）的使用范围不包括面制品，而丙二醇则可作为稳定剂和凝固剂使用。丙二醇的过量添加和山梨糖醇的违规添加都会危害人体健康。所以，该某品牌拉面事件虽然与食品添加剂有关，但属于商家违规使用食品添加剂导致。

7 茶氟超标事件

据媒体报道，美国的一个医疗项目研究显示，水氟普通型速溶茶的氟化物含量为6.5mg/L，大大超过美国环保局制定的饮水中氟化物含量不得超过4mg/L的标准，而美国食品药品监督管理局所规定的瓶装水及饮料标准为氟化物含量不得超过2.4mg/L。氟是人体需要的一种微量元素，常存在于土壤里，在茶叶生长过程中被茶叶所吸收。茶氟超标事件并未涉及违规使用食品添加剂，所以与食品添加剂无涉。

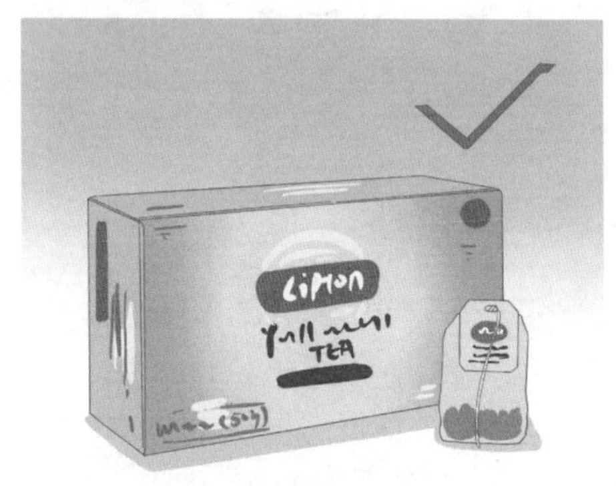

8 塑化剂事件

我国台湾地区卫生部门在一款名为“净元益生菌”粉末中发现里面含有邻苯二甲酸二酯（DEHP），且浓度高达到0.6‰。最终发现，其中的DEHP来自某香料公司所提供的起云剂内。台湾地区检测出饮料等多种食品中使用DEHP等塑化剂代替起云剂。塑化剂是一种高分子增塑剂，广泛用在塑料制品中，大家在日常生活中经常会接触到塑化剂。但塑化剂不是食品添加剂，严禁加入食品中，如果在人体中含量过高，会危害人体健康。所以，该次塑化剂事件与食品添加剂无涉。

9 “龙口”粉丝事件

某公司生产的“龙口”粉丝被检出含致癌物甲醛次硫酸氢钠，也就是俗称的“吊白块”。吊白块对人体有严重的毒副作用，国家严禁将其添加在食品中使用。所以“龙口”粉丝事件就是把非法添加物吊白块添加到食品当中，纯属黑心厂商违法牟取暴利所致，与食品添加剂无涉。

10 毒面粉事件

某媒体以《大批“毒面粉”流入××》为题，报道了“‘××’牌‘毒面粉’流入市场，被工商部门全面清查”的情况。该报道称：“××疾控中心抽检化验，昨日作出的检测报告表明，1kg 面粉中含过氧化苯甲酰（增白类添加剂）0.089g，而国家标准是 1kg 面粉中过氧化苯甲酰不能超过 0.006g，超标 14 倍。”令人不可思议的是，事情的真相是当地媒体居然把 0.06g/kg 的国家标准误认为 0.006g/kg，认定该面粉过氧化苯甲酰超标 14 倍。作为面粉漂白剂使用的过氧化苯甲酰属于食品添加剂，但是在此次事件中，并没有违规使用食品添加剂，只是当地媒体搞错了数据。在《食品安全国家标准 食品添加剂使用标准》（GB 2760—2007）中，过氧化苯甲酰是允许添加的，2014

年的修订版本中将过氧化苯甲酰除名，理由是无工艺的必要性。

11 毒豆奶事件

某市 2556 名小学生及教师饮用豆奶引发食物中毒。随后，卫生部门等组成联合调查组对情况进行了调查。参与调查的专家共同认定，本次食物中毒的原因是活性豆粉中的胰蛋白酶抑制素等抗营养因子未彻底灭活，同时还排除了细菌性、化学性、动物性中毒的可能性。由于部分人群对此类物质较为敏感，饮用含有这类物质的豆奶后会引起上消化道等的刺激症状。此次事件是由活性豆粉中原有的胰蛋白酶抑制素等抗营养因子引起的，所以与食品添加剂无涉。

12　“大头娃娃”奶粉事件

某市农村地区相继发现婴幼儿出现头部肿大、体重减轻、低热不退的怪现象。在这次事件中，12 名婴儿被营养价值还不如米汤的奶粉夺去了生命，229 名婴儿因为营养不良成了“大头娃娃”。根据医院的诊断，扼杀这些幼小生命的“元凶”正是蛋白质等营养元素指标严重低于国家标准。此次事件是由劣质婴儿奶粉中的营养元素指标太低引起的，并不是因为食品添加剂，所以与食品添加剂无涉。

13　防腐剂超标卤制品

2018 年，有报道称有人在家中生产鸡翅、鸡爪、猪蹄等卤制品时添加亚硝酸盐，并在附近菜市场出售，后被执法人员当场查获。经检测，鸡翅、鸡爪、猪蹄中的亚硝酸盐含量分别为 554mg/kg、441mg/kg、382mg/kg，均严重超出酱卤肉类中亚硝酸盐残留量≤30mg/kg 的国家标准。虽然亚硝酸盐、山梨酸等都是常用的食品防腐剂，允许在酱卤肉类中添加，但国家对添加量有严格的标准。长期食用防腐剂超标食品容易引起胃肠方面疾病，严重的会影响肝肾功能，甚至引发癌症。所以，该事件虽然与食品添加剂有关，但属于超量使用食品添加剂导致的。

14 染色馒头事件

某媒体曝光某公司分公司涉嫌将白面染色制成的馒头在多家超市销售。该公司的工人在制作馒头的过程中违规添加了着色剂柠檬黄、防腐剂山梨酸钾和甜味剂甜蜜素。虽然这些都是食品添加剂，但是，目前食品添加剂卫生标准中，没有馒头类的使用范围的规定，是因为法规滞后于现实：当初制定法规时，馒头都是自己在家里做的，不会大规模生产。真正令人担心的，并不是在馒头中使用包括柠檬黄、防腐剂之类的食品添加剂，而是添加剂的数量是否超标，品种是否合适。

本事件虽然涉及食品添加剂，但是非法商家未按《食品安全国家标准 食品添加剂使用标准》(GB 2760—2014)规定使用，私自扩大使用范围导致的。

15 添加食品添加剂以外的化学物质事件

某市职能部门对某汤锅馆现场销售的乌鱼进行监督抽样。经检验，孔雀石绿(孔雀石绿及其代谢物隐色孔雀石绿残留量之和)项目的检测数据不符合国家规定，检验结论为不合格。孔雀石绿是我国明令禁止在食品中添加的非食用物质。所以，该事件与食品添加剂是无关的。

16　敌敌畏火腿事件

中央电视台“每周质量报告”栏目播出个别企业采用敌敌畏浸泡火腿防苍蝇的恶性事件。敌畏又名 DDVP,学名 *O*,*O*-二甲基-*O*-(2,2-二氯乙烯基)磷酸酯,是有机磷杀虫剂的一种,毒性大,不是食品添加剂。所以敌敌畏火腿事件与食品添加剂无涉。

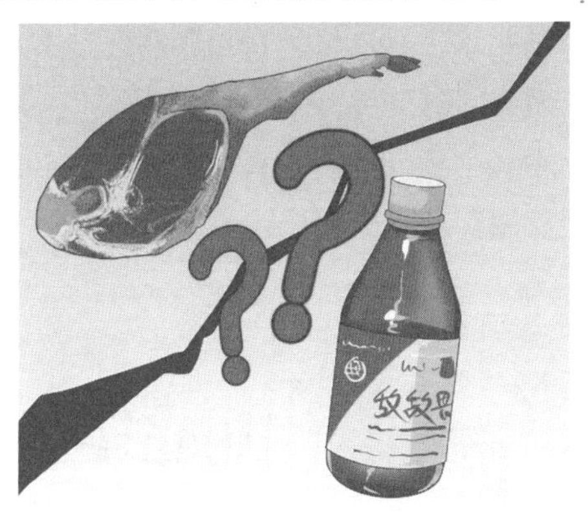

17　面粉中滥用二氧化钛滑石粉

医药-食品级的二氧化钛滑石粉是可以用作食品添加剂的,但在面粉中滥用二氧化钛滑石粉属于食品添加剂过量使用。

18 胭脂红饮料事件

某电视台法制频道《"红牛"真相》节目报道，"红牛"饮料存在标注成分与国家批文严重不符、执行标准和产品不一致、违规添加胭脂红色素等一系列问题。在《食品安全国家标准 食品添加剂使用标准》(GB 2760—2014)的食品分类系统中，"红牛"饮料属于特殊用途饮料(包括运动饮料、维生素饮料等)，而胭脂红是不允许在特殊用途饮料中使用的。因此，"红牛"饮料中添加胭脂红色素属于违规使用食品添加剂。胭脂红色素虽然属于食品添加剂，但此次"红牛"饮料事件是商家违规使用食品添加剂导致的。

19 滥用食品添加剂生产肉制品事件

某市职能部门对该市某公司进行现场抽样送检，检出其生产的产品中有日落黄和诱惑红。经查，该公司为了使肉串"卖相"更好，在肉串生产加工过程中超范围使用食品添加剂日落黄、诱惑红。在速冻调制食品中添加日落黄和诱惑红违反了《食品安全法》及《食品安全国家标准 食品添加剂使用标准》(GB 2760—2014)规定。所以，该事件虽然也与食品添加剂有关，但属于违规使用食品添加剂导致的。

20　黄花菜事件

某省职能部门从某省各市的超市、农贸市场随机抽取36个黄花菜样品，检测发现，二氧化硫残留量超标的达28个，不合格率为77.8%。据专家介绍，一些不法商家为了使黄花菜颜色鲜亮、保存时间长，过量使用焦亚硫酸钠蒸煮或硫黄熏蒸，导致黄花菜二氧化硫超标严重。焦亚硫酸钠和硫黄都不是食品添加剂，虽然二氧化硫是食品添加剂，但此次湖北黄花菜事件是商家违规超标使用食品添加剂造成的。

21　毒豆芽事件

毒豆芽是指在豆芽生产过程中非法添加对人体有害的工业原料、激素、农药、化学、兽药、抗生素等，从而改变豆芽生产周期和外观，增加豆芽产量，但最后流入市场销售的豆芽因添加的很多物质都对人体有害，故称为毒豆芽。国家在《食品安全法》当中明确要求，在豆芽生产过程中严禁添加任何添加剂，但是毒豆芽中至少含有4种有毒物质，尿素超标27倍。某市警方查处一黑豆芽加工点，老板称这种豆芽“旺季每天可售出2000斤”。德国宣布，流行于欧洲的肠出血性大肠杆菌疫情的源头为毒豆芽。这些毒豆芽都是泡在“无根剂”

(又名无根豆芽素)中长大的,而“无根剂”中的6-苄基腺嘌呤曾广泛作为添加于植物生长培养基的细胞分裂素,但根据《国家食品药品监督管理总局 农业部 国家卫生和计划生育委员会关于豆芽生产过程中禁止使用6-苄基腺嘌呤等物质的公告(2015 年第 11 号)》:6-苄基腺嘌呤等物质作为低毒农药,生产者不得在豆芽生产过程中使用6-苄基腺嘌呤等物质,豆芽经营者不得经营含有6-苄基腺嘌呤等物质的豆芽。将6-苄基腺嘌呤作为“植物生长调节剂”用于豆芽生产,为非法添加物,所以本事件与食品添加剂无涉。

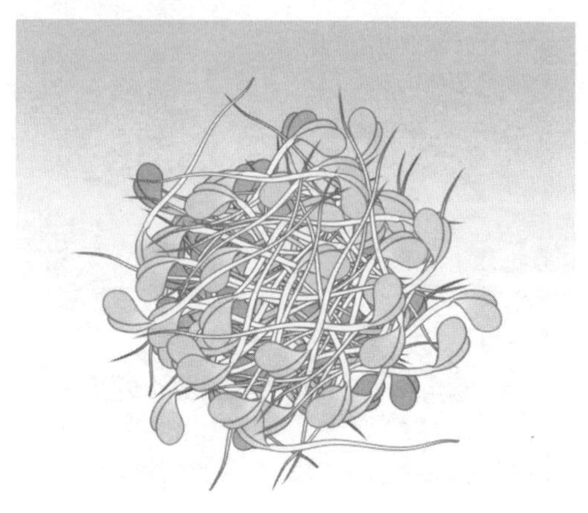

22 “糖精枣”事件

某省职能部门在某水果批发市场查获疑似问题青枣 3.3t。经检测,其中糖精钠含量为 0.3g/kg。经查,涉案人邓某将青枣先在烧热的水中焯一遍,然后将焯过水的青枣倒入水池里,加入糖精钠、甜蜜素、苯甲酸钠等添加剂进行浸泡,制成“糖精枣”,最后运往南宁、北海、海口等地销售,总数达 30t 多。按照国家标准,糖精钠、甜蜜素、苯甲酸钠等食品添加剂严禁在青枣使用。所以,该事件为违规使用食品添加剂导致的,与食品添加剂无涉。

23　卤味店加工销售有毒有害食品事件

某市职能部门接到群众举报,称某卤味店销售的卤肉让人上瘾,怀疑其中添加了违禁物质。该市职能部门对该店进行了突击检查,现场查获混有罂粟粉的调味品 20g、罂粟壳 350g。经查,该店自 2014 年 8 月起,在加工卤肉时采用将完整的罂粟壳放在汤料包里,置于卤汤中,或将罂粟壳碾磨成粉末,混入其他香料中而直接撒在卤肉上等方式,进行非法添加。但是,罂粟壳不是食品添加剂,严禁加入食品中,所以该事件与食品添加剂无涉。

24　铝超标油条事件

有报道称,有人为了让炸出来的油条更加膨松、酥脆,而在制作油条的过程中超限量添加了明矾。经检测,涉案油条的铝残留量为 397.9 ~912.1mg/kg,均严重超出油条铝残留量≤100mg/kg 的国家标准。明矾和小苏打混合使用会产生二氧化碳和氢氧化铝,其中二氧化碳起到膨松效果,氢氧化铝使得油条吃起来更有嚼劲。因此,传统做油条都要添加明矾,明矾也作为膨松剂被允许添加在油炸面制品等食品类别中。但铝离子若摄入过多,会大量堆积在体内,损伤大脑,引起阿尔茨海默病和影响儿童智力发育。所以,该事件虽然与食

品添加剂有关，但是超量添加食品添加剂导致的。

25 生产销售含防腐剂豆腐、面条

杨某在经营豆制品加工小作坊期间，为了增加保存期限，在豆腐中添加了苯甲酸。经检测，这些豆腐中苯甲酸及其钠盐（以苯甲酸计）含量为0.481g/kg，检验结论为防腐剂超标，产品质量不合格。苯甲酸作为一种防腐剂，根据国家标准，不允许被添加在豆腐、面条中，以上案例就属于超范围添加。故该事件虽然与食品添加剂有关，但属于违规使用食品添加剂导致的。

26 制售有毒有害压片糖果事件

某消费者在网上购买人参蛹虫草压片糖果，口服一粒后身体不适，随即报案。经检验证实，该产品中含有西地那非 4874.1mg/kg。在食品中非法添加西地那非等西药成分以提升产品的效果是不合法的，所以该事件为保健食品中非法添加导致的，与食品添加剂无关。

27 含硼砂肉丸事件

某县职能部门对某肉丸店销售的猪肉丸、鱼丸、鸡肉丸、牛肉丸（均为自制）进行抽检，检出其中含硼砂。经查，该店在加工制作猪肉丸、鱼丸、鸡肉丸、牛肉丸时加入了“食品添加剂高弹素”，该“食品添加剂高弹素”中含有硼砂。而硼砂是不允许添加进食品中的，属于非法添加物，故该事件与食品添加剂无关。

28 皮革老酸奶事件

有报道称，老酸奶是用皮鞋等皮革废料制成的。事实真的是这样的吗？其实不然，只是一些不法商家在制作老酸奶的过程中添加了工业明胶，以此来增加酸奶的凝固性。工业明胶是不能用到食品加工中的非法添加物，所以，该事件与食品添加剂无关。

29 生产销售含甜蜜素实心包、红糖包

经查，有一商户在其生产的实心包、红糖包中加入甜蜜素。检测发现，其甜蜜素含量超过国家标准允许添加的范围。甜蜜素是甜味剂，常用于甜品、蜜饯、腌菜、调味汁、配制酒和饮料等食品中，但其和防腐剂一样，属于严格限制使用的食品添加剂，未被允许应用于米面制品。所以，在米面制品中添加未被允许添加的食品添加剂是不合法的。因而，该事件虽然与食品添加剂有关，但属于违规使用食品添加剂所致。

30　销售添加甲醛银鱼

有商户为了给冰鲜银鱼防腐和漂白，把银鱼放在甲醛溶液中浸泡后再对外销售。甲醛已被世界卫生组织认定为一类致癌物，短时间接触有刺激、致敏作用，损害皮肤黏膜和呼吸道，长期接触会导致基因突变，增加多种肿瘤发病率。若添加到食品中，危害将更大。故该事件属非法添加，与食品添加剂无任何关联。